勘探开发梦想云丛书

西南智能油气田

康建国　傅敬强　刘晓天　杜　强◎等编著

石油工业出版社

内 容 提 要

　　本书为《勘探开发梦想云丛书》之一，概要回顾总结了中国石油西南油气田数字化建设历程和取得的成果，重点介绍勘探开发梦想云在西南油气田的配套实施方案和推广应用 3 年来助推西南油气田数字化转型取得的进展和成效，展望梦想云支撑西南油气田智能化发展的愿景和场景规划。

　　本书可供从事数字化转型智能化发展建设工作的管理人员、科研人员及大专院校相关专业师生参考阅读。

图书在版编目（CIP）数据

　　西南智能油气田 / 康建国等编著 .—北京：石油工业出版社，2021.9

　　（勘探开发梦想云丛书）

　　ISBN 978–7–5183–4697–4

　　Ⅰ . ① 西… Ⅱ . ① 康… Ⅲ . ① 智能技术 – 应用 – 油田开发 – 研究 – 西南地区 Ⅳ . ① TE34

　　中国版本图书馆 CIP 数据核字（2021）第 155542 号

出版发行：石油工业出版社
　　　　　　（北京安定门外安华里 2 区 1 号　　100011）
　　　　　　网　　址：www.petropub.com
　　　　　　编辑部：（010）64523594　图书营销中心：（010）64523633
经　　销：全国新华书店
印　　刷：北京中石油彩色印刷有限责任公司

2021 年 9 月第 1 版　2021 年 9 月第 1 次印刷
710×1000 毫米　开本：1/16　印张：12
字数：198 千字

定价：150.00 元
（如出现印装质量问题，我社图书营销中心负责调换）

《勘探开发梦想云丛书》
—— 编 委 会 ——

主　任：焦方正

副主任：李鹭光　古学进　杜金虎

成　员：（按姓氏笔画排序）

丁建宇　马新华　王洪雨　石玉江

卢　山　刘合年　刘顺春　江同文

汤　林　杨　杰　杨学文　杨剑锋

李亚林　李先奇　李松泉　何江川

张少华　张仲宏　张道伟　苟　量

周家尧　金平阳　赵贤正　贾　勇

龚仁彬　康建国　董焕忠　韩景宽

熊金良

《西南智能油气田》

编 写 组

组　长：康建国

副组长：傅敬强　刘晓天　杜　强

成　员：汪云福　何东溯　张登高　陈　果

张　玲　张　弛　肖逸军　代　娟

粟　鹏　谈锦锋　胡德芬　龚　诚

陈柯宇　任晓翠　任静思　张大双

张恩莉　刘　军　梁　谷　陈昌健

杨　辉　周　英

PREFACE ● ● ●

序 一

过去十年，是以移动互联网为代表的新经济快速发展的黄金期。随着数字化与工业产业的快速融合，数字经济发展重心正在从消费互联网向产业互联网转移。2020年4月，国家发改委、中央网信办联合发文，明确提出构建产业互联网平台，推动企业"上云用数赋智"行动。云平台作为关键的基础设施，是数字技术融合创新、产业数字化赋能的基础底台。

加快发展油气工业互联网，不仅是践行习近平总书记"网络强国""产业数字化"方略的重要实践，也是顺应能源产业发展的大势所趋，是抢占能源产业未来制高点的战略选择，更是落实国家关于加大油气勘探开发力度、保障国家能源安全的战略要求。勘探开发梦想云，作为油气行业的综合性工业互联网平台，在这个数字新时代的背景下，依靠石油信息人的辛勤努力和中国石油信息化建设经年累月的积淀，厚积薄发，顺时而生，终于成就了这一博大精深的云端梦想。

梦想云抢占新一轮科技革命和产业变革制高点，构建覆盖勘探、开发、生产和综合研究的数据采集、石油上游PaaS平台和应用服务三大体系，打造油气上游业务全要素全连接的枢纽、资源配置中心，以及生产智能操控的"石油大脑"。该平台是油气行业数字化转型智能化发展的成功实践，更是中国石油实现弯道超车打造世界一流企业的必经之路。

梦想云由设备设施层、边缘层、基础设施、数据湖、通用底台、服务中台、应用前台、统一入口等8层架构组成。边缘层通过物联网建设，打通云边端数据通道，重构油气业务数据采集和应用体系，使实时智能操作和决策成为可能。数据湖落地建成为由主湖和区域湖构成、具有油气特色的连环数据湖，逐步形成开放数据生态，推动上游业务数据资源向数据资产转变。通用底台提供云原生开发、云化集成、智能创新、多云互联、生态运营等12大平台功能，纳管人工智能、大数据、区块链等技术，成为石油上游工业操作系统，使软件开发不再从零开始，设计、开发、运维、运营都在底台上实现，构建业务应用更快捷、高效，业务创新更容易，成为中国石油自主可控、功能完备的智能云平台。服务中台涵盖业务中台、数据中台和专业工具，丰富了专业微服务和共享组件，具备沉淀上游业务知识、模型和算法等共享服务能力，创新油气业务"积木式"应用新模式，极大促进降本增效。

梦想云不断推进新技术与油气业务深度融合，上游业务"一云一湖一平台一入口""油气勘探、开发生产、协同研究、生产运行、工程技术、经营决策、安全环保、油气销售"四梁八柱新体系逐渐成形，工业 APP 数量快速增长，已成为油气行业自主安全、稳定开放、功能齐全、应用高效、综合智能的工业互联网平台，标志着中国石油油气工业互联网技术体系初步形成，梦想云推动产业生态逐渐成熟、应用场景日趋丰富。

油气行业正身处在一扇崭新的风云际会的时代大门前。放眼全球，领先企业的工业互联网平台正处于规模化扩张的关键期，而中国工业互联网仍处于起步阶段，跨行业、跨领域的综合性平台亟待形成，面向特定行业、特定领域的企业级平台尚待成熟，此时，稳定实用的梦想云已经成为数字化转型的领跑者。着眼未来，我国亟须加强统筹协调，充分发挥政府、企业、研究机构等各方合力，把握战略窗口期，积极推广企业级示范平台建设，抢占基于工业互联网平台的发展主动权和话语权，打造新型工业体系，加快形成培育经济增长新动能，实现高质量发展。

《勘探开发梦想云丛书》简要介绍了中国石油在数字化转型智能化发展中遇到的问题、挑战、思考及战略对策，系统总结了梦想云建设成果、建设经验、关键技术，多场景展示了梦想云应用成果成效，多维度展望了智能油气田建设的前景。相信这套书的面世，对油气行业数字化转型，对推进中国能源生产消费革命、推动能源技术创新、深化能源体制机制改革、实现产业转型升级都具有 重大作用，对能源行业、制造行业、流程行业具有重要借鉴和指导意义。适时编辑出版本套丛书以飨读者，便于业内的有识之士了解与共享交流，一定可以为更多从业者统一认识、坚定信心、创新科技作出积极贡献。

中国科学院院士　雪承造

序 二

　　当今世界，正处在政治、经济、科技和产业重塑的时代，第六次科技革命、第四次工业革命与第三次能源转型叠加而至，以云计算、大数据、人工智能、物联网等为载体的技术和产业，正在推动社会向数字化、智能化方向发展。数字技术深刻影响并改造着能源世界，而勘探开发梦想云的诞生恰逢其时，它是中国石油数字化转型智能化发展中的重大事件，是实现向智慧油气跨越的重要里程碑。

　　短短五年，梦想云就在中国石油上游业务的实践中获得了成功，广泛应用于油气勘探、开发生产、协同研究等八大领域，构建了国内最大的勘探开发数据连环湖。业务覆盖 50 多万口油气水井、700 个油气藏、8000 个地震工区、40000 座站库，共计 5.0PB 数据资产，涵盖 6 大领域、15 个专业的结构化、非结构化数据，实现了上游业务核心数据全面入湖共享。打造了具有自主知识产权的油气行业智能云平台和认知计算引擎，提供敏捷开发、快速集成、多云互联、智能创新等 12 大服务能力，构建井筒中心等一批中台共享能力。在塔里木油田、中国石油集团东方地球物理勘探有限责任公司、中国石油勘探开发研究院等多家单位得到实践应用。梦想云加速了油气生产物联网的云应用，推动自动化生产和上游企业的提质增效；构建了工程作业智能决策中心，支持地震物探作业和钻井远程指挥；全面优化勘探开发业务的管理流程，加速从线下到线上、从单井到协同、从手工到智能的工作模式转变；推进机器人巡检智能工作流程等创新应用落地，使数字赋能成为推动企业高质量发展的新动能。

　　《勘探开发梦想云丛书》是首套反映国内能源行业数字化转型的系列丛书。该书内容丰富，语言朴实，具有较强的实用性和可读性。该书包括数字化转型的概念内涵、重要意义、关键技术、主要内容、实施步骤、国内外最佳案例、上游应用成效等几个部分，全面展示了中国石油十余年数字化转型的重要成果，勾画了梦想云将为多个行业强势赋能的愿景。

　　没有梦想就没有希望，没有创新就没有未来。我们正处于瞬息万变的时代——理念快变、思维快变、技术快变、模式快变，无不在催促着我们在这个伟大的时代加快前行的步伐。值此百年一遇的能源转型的关键时刻，迫切需要我们运用、创造和传播新的知识，展开新的翅膀，飞临梦想云，屹立云之端，体验思维无界、创新无限、力量无穷，在中国能源版图上写下壮美的篇章。

中国科学院院士　邹才能

丛 书 前 言

党中央、国务院高度重视数字经济发展，做出了一系列重大决策部署。习近平总书记强调，数字经济是全球未来的发展方向，要大力发展数字经济，加快推进数字产业化、产业数字化，利用互联网新技术新应用对传统产业进行全方位、全角度、全链条的改造，推动数字经济和实体经济深度融合。

当前，世界正处于百年未有之大变局，新一轮科技革命和产业变革加速演进。以云计算、物联网、移动通信、大数据、人工智能等为代表的新一代信息技术快速演进、群体突破、交叉融合，信息基础设施加快向云网融合、高速泛在、天地一体、智能敏捷、绿色低碳、安全可控的智能化综合基础设施发展，正在深刻改变全球技术产业体系、经济发展方式和国际产业分工格局，重构业务模式、变革管理模式、创新商业模式。数字化转型正在成为传统产业转型升级和高质量发展的重要驱动力，成为关乎企业生存和长远发展的"必修课"。

中国石油坚持把推进数字化转型作为贯彻落实习近平总书记重要讲话和重要指示批示精神的实际行动，作为推进公司治理体系和治理能力现代化的战略举措，积极抓好顶层设计，大力加强信息化建设，不断深化新一代信息技术与油气业务融合应用，加快"数字中国石油"建设步伐，为公司高质量发展提供有力支撑。经过 20 年集中统一建设，中国石油已经实现了信息化从分散向集中、从集中向集成的两次阶段性跨越，为推动数字化转型奠定了坚实基础。特别是在上游业务领域，积极适应新时代发展需求，加大转型战略部署，围绕全面建成智能油气田目标，制定实施了"三步走"战略，取得了一系列新进步新成效。由中国石油数字和信息化管理部、勘探与生产分公司组织，昆仑数智科技有限责任公司为主打造的"勘探开发梦想云"就是其中的典型代表。

勘探开发梦想云充分借鉴了国内外最佳实践，以统一云平台、统一数据湖及一系列通用业务应用（"两统一、一通用"）为核心，立足自主研发，坚持开放合作，整合物联网、云计算、人工智能、大数据、区块链等技术，历时五年持续攻关与技术迭代，逐步建成拥有完全自主知识产权的自主可控、功能完备的智能工业互联网平台。2018年，勘探开发梦想云1.0发布，"两统一、一通用"蓝图框架基本落地；2019年，勘探开发梦想云2.0发布，六大业务应用规模上云；2020年，勘探开发梦想云2020发布，梦想云与油气业务深度融合，全面进入"厚平台、薄应用、模块化、迭代式"的新时代。

勘探开发梦想云改变了传统的信息系统建设模式，涵盖了设备设施层、边缘层、基础设施、数据湖、通用底台、服务中台、应用前台、统一入口等8层架构，拥有10余项专利技术，提供云原生开发、云化集成、边缘计算、智能创新、多云互联、生态运营等12大平台功能，建成了国内最大的勘探开发数据湖，支撑业务应用向"平台化、模块化、迭代式"工业APP模式转型，实现了中国石油上游业务数据互联、技术互通、研究协同，为落实国家关于加大油气勘探开发力度战略部署、保障国家能源安全和建设世界一流综合性国际能源公司提供了数字化支撑。目前，中国石油相关油气田和企业正在以勘探开发梦想云应用为基础，加快推进数字化转型智能化发展。可以预见在不远的将来，一个更加智能的油气勘探开发体系将全面形成。

为系统总结中国石油上游业务数字化、智能化建设经验、实践成果，推动实现更高质量的数字化转型智能化发展，本着从概念设计到理论研究、到平台体系、到应用实践的原则，中国石油2020年9月开始组织编撰《勘探开发梦想云丛书》。该丛书分为前瞻篇、基础篇、实践篇三大篇章，共十部图书，较为全面地总结了"十三五"期间中国石油勘探开发各单位信息化、数字化建设的经验成果和优秀案例。其中，前瞻篇由《数字化转型智能化发展》一部图书组成，主要解读数字化转型的概念、内涵、意义和挑战等，诠释国家、行业及企业数字化转型的主要任务、核心技术和发展趋势，对标分析国内外企业的整体水平和最佳实践，提出数字化转型智能化发展愿景；基础篇由《梦想云平台》《油气生产物联网》《油气人工智能》三部图书组成，主要介绍中国石油勘探开发梦想云平台的技术体系、建设成果与应用成效，以及"两统一、一通用"的上游信息化发展总体蓝图，并详细阐述了物联网、人工智能等数字技术在勘探开发领域的创新应用成果；实践篇由《塔里木智能油气田》《长庆智能油气田》《西南智能油气田》《大港智能油气田》《海外智能油气田》《东方智能物探》六部图书组成，分别介绍了相关企业信息化建设概况，以及基于勘探开发梦想云平台的数字化建设蓝图、实施方案和应用成效，提出了未来智能油气的前景展望。

该丛书编撰历经近一年时间，经过多次集中研究和分组讨论，圆满完成了准备、编制、审稿、富媒体制作等工作。该丛书出版形式新颖，内容丰富，可读性强，涵盖了宏观层面、实践层面、行业先进性层面、科普层面等不同层面的内容。该丛书利用富媒体技术，将数字化转型理论内容、技术原理以知识窗、二维码等形式展现，结合新兴数字技术在国际先进企业和国内油气田的应用实践，使数字化转型概念更加具象化、场景化，便于读者更好地理解和掌握。

该丛书既可作为高校相关专业的教科书，也可作为实践操作手册，用于指导开展数字化转型顶层设计和实践参与，满足不同级别、不同类型的读者需要。相信随着数字化转型在全国各类企业的全面推进，该丛书将以编撰的整体性、内容的丰富性、可操作的实战性和深刻的启发性而得到更加广泛的认可，成为专业人员和广大读者的案头必备，在推动企业数字化转型智能化发展、助力国家数字经济发展中发挥积极作用。

中国石油天然气集团有限公司副总经理　焦方正

FOREWORD ●●●

前　言

　　中国石油天然气股份有限公司西南油气田分公司隶属于中国石油天然气集团有限公司，主营业务是四川盆地油气勘探开发、天然气输配、储气库建设以及川渝地区的天然气销售和终端业务，2020 年生产天然气 318.2 亿立方米，销售天然气 266.5 亿立方米，是中国西南地区最大的天然气生产和供应企业。

　　西南油气田勘探开发的气田分布范围广、地质情况复杂、涉及业务环节多、数据量大。为了及时掌握生产动态、发现生产过程中的问题，实现跨专业、跨地域协同工作，高效进行科研、生产调度、应急指挥和科学决策，需要借助先进的信息技术汇集各方数据，对数据进行共享、分析和应用，从而提高科研、生产与经营管理的效率和水平，降低企业运营成本，提高投资效益。因此，西南油气田高度重视气田信息化建设。从 20 世纪 90 年代至 2017 年底，西南油气田数字化建设经历探索起步、分散建设和集中建设三个阶段，取得丰硕成果：建成以物联网为基础的"云网端"基础设施系统，支撑生产组织方式优化；建成集勘探开发成果数据、实时生产数据、地理信息数据和经营管理数据于一体的数据管理系统，为主营业务提供全面数据支撑；初步建成川中、重庆、蜀南、川西北、川东北、输气处和龙王庙净化厂共 7 大区域数字油气田（工厂）；形成了勘探、开发、工程、生产运行、管道、设备、科研、经营 8 大领域业务应用支撑，开启了自动化生产、数字化办公新模式，有力支撑了业务运营和发展；打造了 1 支数字化建设人才队伍，保障了数字油气田建设稳步推进。

　　近年来，以物联网、大数据、云计算、区块链、人工智能（AI）和移动应用（5G）为代表的新一代信息技术日趋成熟并得到广泛应用，推动油气田企业运营方式发生变化，进入数字化转型智能化发展的新阶段。中国石油提出了"共享中国石油"信息化发展战略，发布了勘探开发梦想云作为勘探与生产领域的信息化顶层设计和智能云平台，为油气田企业数字化转型智能化发展指明了方向，提供了统一技术平台。西南油气田将信息化发展规划与业务发展战略相匹配，编制了依托梦想云建设智能油气田、助推数字化转型智能化发展的蓝图，并积极加以推行。

2018 年中国石油梦想云发布，至 2020 年底，以梦想云为依托，西南油气田建设了勘探生产管理平台和开发生产管理平台并投用，在常规气田和非常规气田开展了智能油气田示范工程和智能管道示范工程建设与应用；在科研单位建立协同研究工作环境并开展了井位部署论证等应用。梦想云在西南油气田已取得系列建设成果，见到显著应用成效，助推西南油气田在 2020 年底全面建成数字油气田，有力推进了"油公司"模式下的数字化转型，为智能化发展奠定了良好的基础。

本书为《勘探开发梦想云丛书》之一，共分 4 章：第一章由刘晓天、肖逸军、张玲、胡德芬、杨辉编写，概要介绍西南油气田主营业务，回顾总结西南油气田在梦想云部署前的数字化建设历程和取得成果；第二章由杜强、陈柯宇、任晓翠、谈锦锋编写，分析信息化发展趋势、信息化存在问题和需求，论述梦想云在西南油气田的配套实施方案；第三章由汪云福、何东溯、张登高、陈果、任静思、张恩莉、粟鹏、代娟、刘军、梁谷、张大双编写，总结梦想云在西南油气田部署实施 3 年来助推西南油气田数字化转型取得的进展和成效；第四章由傅敬强、张弛、龚诚、陈昌健、周英编写，展望梦想云未来支撑西南油气田智能化发展的愿景和场景规划。全书由康建国统稿和审稿。

本书的编写得到中国石油勘探与生产板块原科技信息主管领导杜金虎教授的指导，他组织召开了 3 次视频会议对书稿进行讨论，提出宝贵修改意见；得到西南油气田钟兵、薛斌、罗涛、马辉运、王永波、毛川勤等各业务相关单位领导和专家的大力支持和帮助；石油工业出版社马金华和昆仑数智科技有限公司专家乐小陶协助修改定稿，在此表示衷心感谢。

由于水平有限，书中难免有不当之处，恳请读者批评指正。

目录

第一章　数字化建设概况

西南油气田数字化建设根据主营业务特点和需求持续开展，从 20 世纪 90 年代开始至 2017 年底，经历探索起步、分散建设和集中建设三个阶段，取得丰硕成果，有力支撑了主营业务的运营和发展。

本章概要介绍西南油气田主营业务，回顾总结西南油气田在 2018 年梦想云部署前的数字化建设历程和取得的成果。

近年来，以物联网、大数据、云计算、区块链、人工智能和移动应用为代表的新一代信息技术日趋成熟并得到广泛应用，推动油气田企业运营方式发生变化，进入数字化转型智能化发展的新阶段。

西南油气田在分析信息化发展趋势和信息化存在问题与需求的基础上，将信息化发展规划与主营业务发展战略及业务架构相匹配，编制了梦想云在西南油气田的配套实施方案，并以此为西南油气田数字化转型智能化发展的蓝图，指引未来西南油气田的信息化建设。

第二章 数字化转型蓝图

第三章　数字化转型成效

西南油气田积极推进梦想云配套实施方案的落地，以梦想云为依托，建设了勘探生产管理平台和开发生产管理平台并投用，在常规气田（龙王庙）和非常规气田（页岩气）开展了智能气田示范工程和智能管道示范工程建设与应用，在科研单位建立协同研究工作环境并开展了井位部署论证等应用。梦想云在西南油气田已取得系列建设成果，见到显著应用成效，助推西南油气田在 2020 年底全面建成数字油气田，如期实现第一阶段目标，有力推进了"油公司"模式下的数字化转型，为智能化发展奠定了良好的基础。

第四章　智能化发展前景展望

西南油气田以"两化融合"为抓手，至"十三五"末（2020 年）已全面建成数字油气田，并在部分领域开展了智能油气田建设。"十四五"及其以后，西南油气田将匹配业务发展，坚持以"数字化转型智能化发展"为总体目标，在梦想云建设已取得成果的基础上，继续推进梦想云西南油气田配套实施方案，建设西南区域云平台和区域数据湖，依托梦想云，运用云计算、大数据、人工智能、数字孪生等前沿技术，全面推进通用业务应用和智能油气田特色应用，以信息技术支撑企业提质增效、智能化高质量发展。

第一章
数字化建设概况

　　西南油气田数字化建设根据主营业务特点和需求持续开展，从 20 世纪 90 年代开始至 2017 年底，经历探索起步、分散建设和集中建设三个阶段，取得丰硕成果，有力支撑了主营业务的运营和发展。

　　本章概要介绍西南油气田主营业务，回顾总结西南油气田在 2018 年梦想云部署前的数字化建设历程和取得的成果。

第一节　主营业务概述

中国石油天然气股份有限公司西南油气田分公司隶属于中国石油天然气集团有限公司，由原四川石油管理局在 1999 年重组改制成立，主要负责四川盆地油气勘探开发、天然气输配、储气库建设以及川渝地区的天然气销售和终端业务。通过持续勘探开发与市场培育，西南油气田建立了中国第一个完整的天然气工业体系，是西南地区最大的天然气生产和供应企业，合同化员工约 3 万人，资产总额近千亿元，年经营收入超 500 亿元。

西南油气田基本形成了适应盆地地质地貌特点和自然、社会环境的勘探开发及工程配套技术，特别是在复杂深层碳酸盐岩气藏、低渗透碎屑岩气藏、高含硫气藏和页岩气藏勘探开发等方面达到国际先进水平。西南油气田主营业务覆盖以下五大领域。

一　勘探生产领域

西南油气田在四川盆地拥有矿权面积 13.7 万平方千米，探矿、采矿权 130 余个，天然气总资源量超 30 万亿立方米，居全国首位；累计探明天然气地质储量超3.8 万亿立方米；至 2018 年底，累计部署二维地震勘探 286547.94 平方千米、三维地震勘探 20954.69 平方千米、探井 3698 口。西南油气田资源分布情况如图 1-1-1 所示。

二　开发建设领域

现有川中、重庆、蜀南、川西北、川东北五个主力产区，气田 116 个，生产井 2000 余口，天然气年生产能力超过 300 亿立方米。至 2020 年底，历年累计产天然气超 5000 亿立方米，约占同期全国天然气产量的 1/4。其中，页岩气采取自营开发、风险作业、合资合作、对外合作开发等多种模式，分别由川庆钻探工程有限公司、长城钻探工程有限公司、长宁天然气开发有限责任公司、四川页岩气勘探开发有限责任公司、重庆页岩气勘探开发有限责任公司、英国石油公司等 7 家公司经营，2020 年产气 101.3 亿立方米，历年累计产气 261.5 亿立方米。

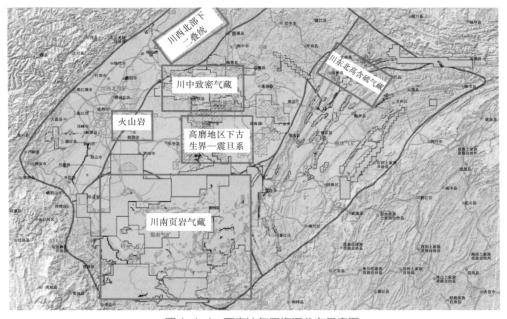

● 图 1-1-1　西南油气田资源分布示意图

三　天然气管网领域

在川渝地区建成了国内最完备的天然气输配系统，拥有"三横、三纵、三环、一库"的骨干管网，集输和燃气管道 4.8 万千米，年综合输配能力 400 亿立方米以上（图 1-1-2）。区域管网通过中贵线和忠武线与中亚、中缅、西气东输等骨干管道连接，是中国能源战略通道的西南枢纽。

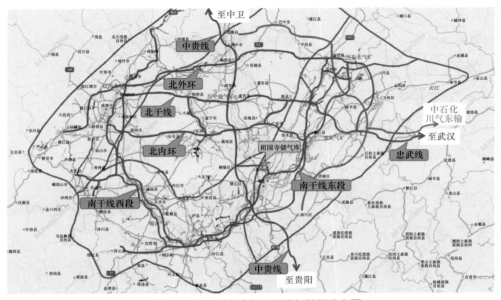

● 图 1-1-2 西南油气田天然气管网分布图

四 储气库领域

建成中国西南地区首座地下储气库——相国寺储气库（图 1-1-3），库容 42.6 亿立方米（全国第二），工作气量 22.4 亿立方米，调峰能力超过 1400 万立方米，最大应急采气能力 2800 万立方米 / 天，在冬春用气高峰发挥了重要的调峰保供作用。

五 天然气销售领域

西南油气田天然气主供四川、重庆两地，输送云南、贵州、广西三省（自治区），外连湖北（图 1-1-4），拥有大中型工业用户千余家、居民用户 2500 余万户、公用事业用户 12000 余家，2020 年销售天然气 266.5 亿立方米，在川渝地区市场占有率达 77%。天然气在川渝地区一次能源消费结构中约占 12%，高于全国 5.9% 的平均水平，行业利用率达到 80%。

● 图1-1-3 相国寺储气库全景

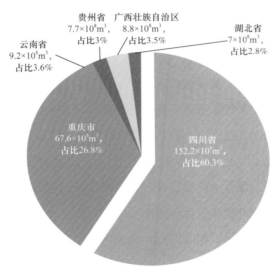

贵州省 广西壮族自治区
7.7×10⁸m³, 8.8×10⁸m³,
占比3% 占比3.5%

云南省
9.2×10⁸m³,
占比3.6%

湖北省
7×10⁸m³,
占比2.8%

重庆市
67.6×10⁸m³,
占比26.8%

四川省
152.2×10⁸m³,
占比60.3%

● 图1-1-4 西南油气田天然气销售区域构成

第二节 数字化建设历程

西南油气田数字化建设起步于20世纪90年代，随着信息技术的进步而不断推进。至2018年梦想云部署前，总体上经历了探索起步、分散建设和集中建设三个阶段（图1-2-1）。

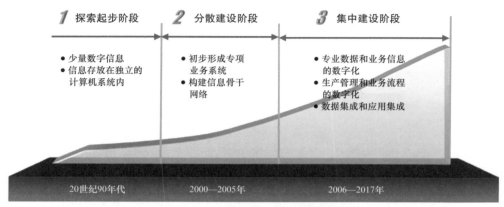

● 图 1-2-1　西南油气田数字化建设历程

一　探索起步阶段

20 世纪 90 年代，计算机尚不普及，互联网处于起步阶段。西南油气田（原四川石油管理局）办公用计算机较少，刚开始建设企业局域网。计算机系统主要是从国外引进的专业应用系统，部署在部分业务单位如研究院、地质调查处和测井公司。系统硬件以服务器为主，90 年代后期引进小型计算机，专业软件以 Fortran\Pascal 语言编程为主，用于专业数据处理和解释。部分数据存放在计算机系统内，部分数据拷贝到磁带上保存。计算机在油气田勘探开发中的应用解决了以前人工计算效率低的问题，极大地提高了工作效率，同时提升了计算精度与模拟效果，展现了油气田数字化的良好前景。与同时期川渝地区其他行业相比，西南油气田的数字化应用水平处于领先地位。

二　分散建设阶段

2000 年以后，计算机和通信技术高速发展，计算机和互联网在国内快速推广。西南油气田持续在专业应用系统领域加大投入，硬件性能获得大幅提升，专业软件更为丰富，使各专业的计算机应用水平得到显著提升。同时，西南油气田加快网络基础设施建设，基本建成企业骨干网络，有效连接了油气田主要生产单位，为数据的上传下达提供了信息通路，汇聚的生产运行数据支持生产运行报表编制，提高了油气田管理效率和规范化管理水平。

三 集中建设阶段

2006年，西南油气田遵循中国石油信息化统一规划和部署，按照统建自建相结合的思路，组织编制《西南油气田分公司"十一五"信息系统建设总体规划》，积极开展勘探与生产技术数据管理系统（A1）、油气水井生产数据管理系统（A2）、ERP等统建系统推广应用，并结合自身需要开展系统自建。到2010年，建成了油气田集中统一的经营管理类、专业应用类、协同办公类共30余套应用系统以及网络、服务器等基础设施，对提高油气田科研、生产和经营管理水平及劳动生产率起到了支撑作用，为后续数字化（信息化）建设打下基础。

2011年，西南油气田按照强化基础、弥补短板的思路，组织编制《西南油气田分公司"十二五"信息系统建设总体规划》，按照"业务主导，部门协调，统筹推进"的工作机制，开展中国石油统建信息系统的推广实施和西南油气田数字油气田试点建设，强化了基础平台、数据平台、应用平台的建设。大力推进油气生产场站数字化建设，弥补了现场数据采集短板；集中建设生产数据平台和综合数据平台，实现数据与应用分离，完善了信息安全保障体系。通过油气生产数字化建设，建成了覆盖西南油气田、气矿、作业区、单井站实时数据采集、汇聚、存储的生产实时数据平台，实现了油气生产自动化控制系统的实时数据向各类生产管理信息系统IT提供统一的实时数据服务，使西南油气田信息化与工业化融合迈上了新台阶。

通过大规模集中的数字化建设，带来了西南油气田管理效率的大幅提升。但同时，由于系统建设越来越多，技术架构、数据模型不统一，造成了系统间集成应用难、数据共享手段单一、低效等问题，形成了"信息孤岛"。2012年，西南油气田组织编制《数字气田建设总体规划》，提出利用统一的技术平台，打破"信息孤岛",提升共享水平。2015 年,结合虚拟化技术和云平台发展趋势,组织编制西南油气田云计算平台规划,为西南油气田集成应用指明了方向和实施路径。

2016 年,西南油气田组织编写《西南油气田"十三五"信息化发展规划》,按照"顶层设计、基础先行、示范引领、全面推进"的实施思路,规划打造支撑勘探、开发、工程、生产运行、管道、设备、科研、经营等八大业务应用的统一平台,开启数字化办公、智能化管理新模式。

在数据采集与管理上,采用主数据、源数据管理以及多源数据整合集成技术,并采用井场信息传输规范(Wellsite Information Transfer Standard Markup Language,简写为 WITSML)和中国石油勘探开发一体化数据模型(EPDM),实现数据的标准化、规范化与一体化管理,支撑上层应用。

在数据展示和应用上,采用三维、四维可视化技术,GIS 技术,商业智能,移动技术,交互式工作环境,视频技术等支撑业务应用。

在平台架构上,为保证大型信息系统的快速开发、快速集成、稳定运行、灵活扩展、方便维护,以面向服务的体系结构(Service-Oriented Architecture,简写为 SOA)为核心,通过数据服务总线(Data Service Bus,简写为 DSB)整合集成所有数据源,形成覆盖油气田生产、经营、科研、办公所有领域的数据全集;通过企业服务总线(Enterprise Service Bus,简写为 ESB)开发和集成不同的业务应用,以搭积木的方式组装、编排业务功能,满足不同业务应用需求。

在业务应用上,将勘探开发和生产经营的管理流程和业务流程与数据流融合,打造勘探开发一体化业务协同能力、科研协同创新能力、市场分析与营销决策支撑能力,找到了"互联网 + 油气开采"融合路径,推动了传统生产管理模式转变,通过了国家工信部信息化和工业化融合(以下简称两化融合)管理体系认证。

第三节　数字化建设成果

西南油气田数字化建设认真贯彻两化融合战略部署,紧紧围绕西南油气田主营业务发展战略目标和需求,不断完善"业务主导、部门协调、技术支撑、上下联动"的信息化工作机制，全力推进数字油气田建设，在信息基础设施建设、数据资源建设与服务、气田生产和管理数字化建设、业务应用系统建设及数字化人才队伍建设各方面取得了长足进展和丰硕成果，有力支撑了业务的运营和发展。

 一 信息基础设施建设

建成以物联网为基础的"云网端"基础设施，建成中国石油西南地区最大的区域数据中心和云计算中心（软件平台），建成稳定可靠的光通信网络和全面感知的物联网系统。

1. 建成共享集成的云计算中心

云平台集中部署西南油气田分公司各类应用系统 110 套，虚拟机 270 余台，承载勘探开发业务的高性能计算机两套，计算能力约 75 万亿次 / 秒（图 1-3-1）。

● 图 1-3-1 中国石油西南区域数据中心机房

深化应用系统云服务平台应用，推动油气田基础设施和应用有序上云，实现西南油气田分公司级计算资源、数据存储和应用系统集中部署与管控，基础保障能力不断增强，促进 IT 管理方式由"粗放式"向"精细化"的转变。研发机房人工智能巡检机器人"智信 1 号"，实现机房巡检智能避障、实时监测、人脸识别、语音交互、故障告警等功能。

2. 建成泛在稳定的信息高速公路

建成川渝两地石油光通信线路 8000 余千米，覆盖西南油气田机关及所属二级单位、作业区（分厂）、生产场站、生产单元。利用运营商"L2TP+VPDN"技术建成无线接入平台，覆盖了偏远场站。应急通信系统依托广域网、卫星和公众通信网，已初步覆盖西南油气田重点生产站场。

基于振动的光缆故障智能定位和无人机光缆巡检技术，通过在线监测和 GIS 点位算法确定故障点，定位误差精度控制在 100 米范围内，同时实现了无人机长距自动控制巡航和视频拍摄回溯定位，提高了光缆巡检效率。

构建天地互备应急融合通信技术，利用卫星通信、软交换、单兵、无人机等多种传输技术，打通了应急通信"最后一公里"（图1-3-2）。在西南油气田重大安全应急演练和连彭线鸭子河穿越段管道应急抢险中，通信保障能力得到验证。车载应急通信系统运维标准化考核连续三年被中国石油评为优秀。

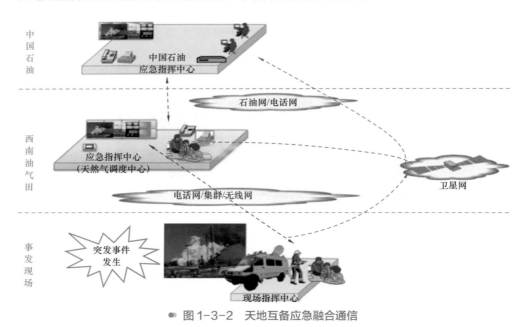

● 图1-3-2　天地互备应急融合通信

3. 建成全面感知的油气生产物联网

生产过程工业视频接入 2400 余路，场站数字化监控覆盖率 92%，一线生产井站无人值守率达到 70%，老区用工总量减少 30%，新区用工总量约为传统模式的 30%，气田生产整体实现"自动化"，支撑了生产组织方式优化。

中国石油油气生产物联网系统（A11）和西南油气田分公司物联网系统的推广应用建设相结合，为"单井无人值守 + 中心站集中控制 + 远程支持协作"的管理新模式提供了技术保障。在生产网通过分公司和二级单位两级汇聚，然后单向传输至办公网获取生产数据和视频图片，再通过网络发布功能实现在办公网内对生产数据和视频图片的网络浏览功能，并建立起针对生产实时数据应用的数据分析和数据解释系统（图 1-3-3）。

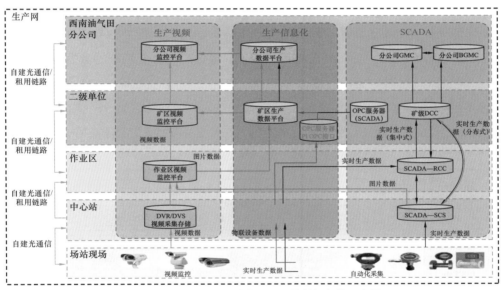

● 图 1-3-3　油气生产物联网系统数据架构示意图

二　数据资源建设与服务

推进专业数据资源的标准化建设、资产化管理，形成数据共享与治理机制，建立了从勘探、开发、生产、集输、销售全业务链较为完备的动静态数据资源，涵盖地震工区、生产井、管道、场站、岩心、工业城市燃气客户、设备等的生产实时工况数据，为勘探开发、生产经营提供了敏态数据共享能力，推动数据应用从数据处理技术（Data Technology）向机器学习技术（Machine Learning）转变。

利用 SOA 基础工作平台集成勘探开发综合研究成果数据、生产运行实时数据、地理信息数据和经营管理数据 4 类数据，涵盖西南油气田 7617 口井、856 个构造单元、959 座场站、7089 台地面设备和超过 20000 余千米管道的基础数据以及完备可靠的空间 GIS 数据，实现了 1957 年以来的生产数据完整入库，近 20 万点生产实时数据、工程作业动态数据的汇交和人财物、油气化工销售、财务、物资、设备动静态数据的汇交，并利用服务总线实现系统集成整合与服务统一发布、数据自动交换与接口运行控制、业务流程配置与用户分级授权。基于统一主、元数据管理的数据整合方案，实现生产数据整合与自动交换、服务发布与系统集成、流程配置与运行控制，实现 20 余个系统的数据和应用集成，促进以"系统"为中心向以"流程、服务"为中心的平台化建设模式转变（图 1-3-4）。

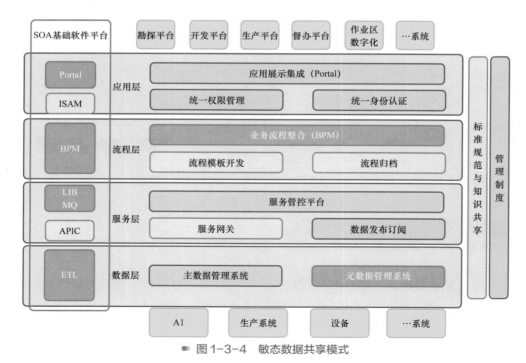

● 图 1-3-4 敏态数据共享模式

三 气田生产和管理数字化建设

在西南油气田五矿（川中油气矿、重庆气矿、蜀南气矿、川西北气矿、川东北气矿）、输气管理处、龙王庙净化厂共 7 大区域开展油气生产物联网完善工程和作业区数字化管理平台建设及推广，在 38 个作业区建成了数字油气田，一线员工日常操作流程电子化覆盖率 100%，生产操作实现了"单井无人值守、气田分区连锁控制、远程支撑协作"，优减 14 个作业区，建立了"互联网 + 油气开采"新模式，有力推动了开发生产转型升级。

将作业区业务与信息化深度融合，建立了作业区"平台 + 业务"管理新模式，促成西南油气田作业区管理从传统管理模式向数字化、信息化管理转型变革，有效推动了生产管理由井站独立管理向一体化协同运行、扁平化管理模式转变（图 1-3-5）。通过移动应用，将矿部、作业区、气藏调控中心、中心站、单井等分散在现场的工作动态、生产变化、决策集成到了同一个数字化平台上进行共享，使基层管理人员和一线操作人员从桌面办公中得到解放。气矿调控中心、中心站员工通过信息化手段实现对外围无人站点生产情况 7×24 小时不间断实时监控，同时中心井站员工通过移动应用终端可以完成外围站点的定期巡检、重要设备的周期维护、气井生产动态分析等日常工作任务。打造了由"调控中心、巡井班（中心井站）、维修班"组成的一体化管理基本单元。依托作业区数字化管理平台实现所有投产单井和集气站数据集中监视，形成"三位一体"的贯穿气藏管理始终的监控管理，打破单井独立管理的传统开发模式，减少管理层级、减少值守人员数量、提高劳动效率。由现场管理向远程管理转变，运行成本和劳动强度明显降低，逐步形成"小机关 + 大井站"的基层生产组织新架构（图 1-3-6）。减少井站生活配套设施，管理和操作人员仅有传统管理模式的 30%，一线用工人数减少 1500 余人，有效盘活人力资源，大幅缩减员工派驻在偏远、艰苦工作环境的时间，有效地支撑油气生产过程一体化智能管控，年节约生产运行成本约 2.5 亿元。

作业区数字化
管理平台演示

● 图 1-3-5　作业区数字化管理平台大数据分析展示

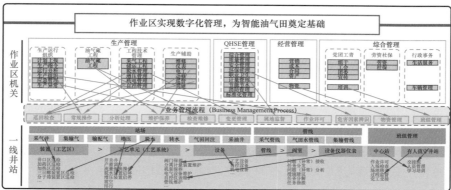

● 图 1-3-6　西南油气田数字油气田应用模式

四 业务应用系统建设

截至 2017 年底，西南油气田部署自建业务应用系统和中国石油统建业务应用系统 26 套（表1-3-1），支撑勘探生产、开发生产、工程技术、生产运行、管道运营、设备管理、科研协同和经营管理 8 大业务领域的应用（图1-3-7）。

表1-3-1 西南油气田业务应用系统建设与应用情况统计

序号	系统名称	系统功能	应用成效
1	勘探生产信息系统	勘探项目计划管理、勘探生产动态管理、储量管理等功能	系统实现了分公司油气勘探生产和科研管理的数字化、信息化、网络化，保证勘探生产信息全面、准确，满足勘探生产和科研管理的需要
2	勘探与生产技术数据管理系统（A1）	贯穿地震、钻、录、测、试与井位部署、储量矿权管理等勘探生产全过程的数据管理系统，包括数据查询下载、GIS 定位、全能搜索、地震数据二维/三维展示、测井曲线浏览、数据推送至专业软件等功能	建立了贯穿常规、非常规油气领域物探、钻、录、测、试与井位部署、储量矿权管理等勘探生产全过程的数据管理平台，解决了过去专业数据分散存储管理的问题
3	勘探开发成果数据采集系统	是 A1 系统的数据采集前端，具有数据采集、数据质控、报表统计、数据正常化考核等功能	实现了 A1 系统数据自 2012 年开始的正常化入库管理，确保了数据质量，建立了 A1 系统的常规考核机制
4	勘探研究成果数据管理系统	系统基于 Web 浏览器快速显示地震、构造、沉积、部署、单井等各类图示化成果，提供各类勘探成果综合查询应用，为油气勘探科学研究、生产管理、辅助决策提供支撑	实现了在线浏览二维地震剖面、解释层位、断层、井位标定、合成记录等数据展示，支持超大剖面的导航功能，实现了地震属性的在线提取及分析、三维地震工区的跨工区任意线显示
5	物探工程基础数据管理系统	具有 SPS 地震辅助数据生成与质控、SIS 处理解释数据生成与质控、表层库数据管理、速度库数据管理、数据综合查询统计分析等功能	形成物探工程综合信息管理和物探工程成果数据的信息化应用

续表

序号	系统名称	系统功能	应用成效
6	工程技术与监督管理系统	具有工程技术作业过程中钻、录、测、试等工程作业的日报及井筒工程数据查询、随钻地质导向、工程预警等应用功能	实现了钻参仪、录井仪等实时数据监控、工程现场视频监控、辅助决策支持、汇报管理、监督信息（动态）管理等
7	油气水井生产数据管理系统（A2）	管理了 5 个油气矿 35 个作业区 4861 口油气水井的生产动态数据，并通过系统提升在生产、管理、研究部门的应用深度、广度，已成为分公司开发生产重要的业务支撑系统	实现了从前期规划计划管理、产能建设、动态监测、动态分析、产能核实到储量核定油气生产管理的闭环管理，满足总部、油气田公司、采油（气）厂、作业区（矿、队）各层级油气水井的生产管理
8	采油与地面工程运行管理系统（A5）	对 3043 口油气井、1774 座站库、20000 余千米管道以及主要生产系统设施设备的基础数据管理与应用全覆盖	实现了采油气工艺、井下作业、天然气集输、净化等各专业生产动态数据的在线管理和集成共享，全面提升了油气开发生产的管理水平和运转效率
9	作业区数字化管理平台 1.0	平台应用于西南油气田 41 个作业区的生产操作与管理，促进信息化条件下生产方式的转型升级。平台通过手持终端设备，实现了巡检资料录取、问题隐患上报、分析处理、任务执行、任务监督和工作考核	实现了一线场站信息化工作室内与室外的全覆盖，有效将各项单项工作质量标准落实到现场各个关键点，改变了员工的工作方式，提高了工作效率
10	天然气管道及场站数据管理系统	管道场站、完整性、腐蚀监测、工程月报及数据管理等 5 大应用功能	实现了以管道、场站为核心的地面基础数据的采集、存储、处理、报表、查询访问等功能，目前系统录入了超过 20000 千米管道、3000 余座场站、90000 余台设备的基础数据，约 1700 千米管道的测绘数据
11	生产运行管理平台	基于分公司 SOA 平台，接入油气生产实时数据，覆盖生产调度、钻井运行、土地、水电、自然灾害防治与油地关系协调业务，集流程化、实时化、可视化于一体	实现生产运行主要业务信息化管理，提升生产运行管理水平和调度指挥决策能力，支撑生产运行业务管理向智能化发展

序号	系统名称	系统功能	应用成效
12	生产数据平台	完成生产实时数据及图片数据的汇聚、传输、存储及发布	通过持续深化应用，形成10万余点实时数据点汇集，为A1系统、A2系统、生产运行管理平台等业务系统提供实时数据源
13	主元数据管理系统	提供组织机构、场站、井等主元数据的统一管理功能，提供数据服务	实现了数据统一规范，方便数据管理。主数据系统管理了11个实体主数据，对应在ESB发布了11个服务，累计入库6万余条，为设备综合管理系统等10余套业务系统提供数据服务
14	设备综合管理系统	围绕设备全生命周期管理的理念，打通设备数据采集链路，进行设备动静态数据的综合展示	对设备全生命周期管理各主要环节建立数字化应用，建设重点设备工艺安全信息的标准化、数据化及"一码"式管理，实现分公司设备数据完整性采集与管理
15	勘探开发生产动态管理平台	综合展示勘探、开发、生产运行动态数据，集成A1系统、A2系统、生产运行平台等系统的数据	实现勘探、开发、生产运行动态数据的一体化展示
16	勘探与生产ERP系统	系统覆盖财务、营销、设备、物资、资产和项目6个业务领域的核心业务及未上市业务，包括数据处理、应用系统管理、应用系统配置、操作技术支持、业务的补充实施和扩大实施等功能	实现了分公司财务与项目、物资、设备、销售管理等各业务基于平台的一体化信息管理，促进了公司对物资、设备、人员等各种资源的统筹调配和优化利用，增强了对项目投资计划等核心业务的集中管控能力
17	物资采购管理信息系统（C1）	通过数据处理、应用系统管理、应用系统配置、技术支持、扩大实施及系统优化提升工作，实现管理物采及服务采购的全过程，包括物资采购方案的制定到采购交易过程管理、采购结果生成发布，实现采购的全过程管理	通过系统日常问题处理及接口问题处理，保证每月物资月结、物资半年报、年报的顺利提交；通过管理物采及服务采购的过程管理，实现物资采购的全过程管理

续表

序号	系统名称	系统功能	应用成效
18	物资管理信息系统	系统主要包括项目管理、计划管理、采购管理、合同管理、物流管理、仓储管理、供应商管理、综合管理、综合查询、物资编码管理等应用功能	通过对物资系统的日常管理，实现了管理者对业务流程的全程跟踪管理，有利于分公司物资采购业务有序开展，提升了管理效率，节约了人力物力成本
19	规划计划管理信息系统	系统主要包括规划管理、前期计划管理、前期项目管理、投资管理、统计管理、后评价管理、综合管理等功能	系统涵盖西南油气田上市单位、未上市单位的规划计划业务，实现了规划计划业务全流程的高效管理
20	营销管理信息系统	由天然气销售子系统、油化品销售子系统、终端销售子系统三部分组成。系统功能包括基础数据管理，计划管理、监控管理、报表管理、气量数据管理、查询分析管理、系统管理、接口管理、用户权限管理等	实现西南油气田营销管理数据的一体化管理
21	西南油气田监督助手	通过操作移动检查终端，可以现场录入问题和隐患、对标查询、整改验证，规范了检查流程，提高了检查的准确性和科学性	建成HSE监督管理信息系统，基本实现了监督检查计划下达、任务执行、问题录入、整改闭环的办公移动化、流程数字化、过程标准化
22	生产受控管理系统	包括生产作业受控、生产管理受控、生产信息受控、信息查询、系统管理等模块	实现了现场生产作业受控、二级单位生产管理受控和西南油气田生产信息受控，实现对风险的管控，达到安全生产的目的
23	页岩气地质工程一体化平台	构建"气藏—井筒—地面"成果数据的数字化展示和一体化集成应用环境，实现地上、地下、室内、设备、管道、井筒及地质数据一体化三维展现	植入0.3米精度卫星像片图150平方千米；搭建生产井站三维场景14座；植入生产管线14条；供水供电管线各10条；钻完井等模型54口井数据；植入Petrel解析数据7个层位等
24	页岩气勘探开发数据共享平台	包括页岩气勘探开发、工程技术、地面建设、生产运行、QHSE、科研成果的信息协同共享及数字化GIS应用	前段实现页岩气勘探开发数据"一次采集、集中管理"；中端以数据集成整合为核心，建设面向主题、生态数据仓库，实现数据多维度多模式共享；后端以应用按需定制，报表、曲线、移动APP等多种呈现方式

序号	系统名称	系统功能	应用成效
25	SOA 基础软件平台（含服务管控平台、统一权限平台）	Portal、IIB/MQ/ 服务管控平台、BPM、IIS、统一权限平台	（1）Portal 集成了包括生产运行平台、规划计划系统等 10 余个信息系统的登录界面，实现了一次认证，多处登录的功能； （2）通过服务管控平台实现了基本的服务注册、服务适配、服务路由功能。目前注册服务 80 余个； （3）目前西南油气田 BPM 应用系统包括：督办管理系统、生产受控系统、生产运行管理平台、作业区数字化管理平台等。当前 BPM 平台流程总数 252 例； （4）统一权限平台的建立减少了系统间的异构管理
26	西南油气田应用系统云服务平台	构建西南油气田统一基础资源调度管理平台，安装部署新增硬件设施，与虚拟化平台、云管理平台、分布式存储和无代理杀毒系统整体集成，实现计算、存储和网络服务的逻辑池化并向上层业务系统提供资源服务	实现硬件、软件和服务的统一共享，为西南油气田业务集成、物联网、大数据处理、移动办公等业务应用提供基础支撑，为西南油气田生产、经营、科研和决策提供基础服务。已完成 58 套应用系统共计 93 台业务虚拟机的部署

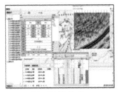
（a）勘探生产

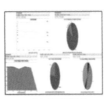
（b）开发生产

（c）工程技术

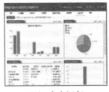
（d）生产运行

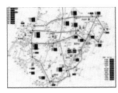
（e）管道运营

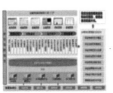
（f）设备管理

（g）科研协同

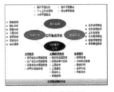
（h）经营管理

● 图 1-3-7　8 大业务领域数字化办公新模式

五 数字化人才队伍建设

西南油气田已形成了1级决策（信息化领导小组）、2级管理（油田信息管理部、各生产单位信息管理部）、2级技术支撑（信息通信中心、各生产单位所属信息站）的信息化管理和建设组织架构。各级数字化（信息化）人员共计866人，其中信息一级工程师2人、博士3人、硕士30余人。获相关专业技术认证106人次，主要包括系统分析师、网络安全高级工程师、思科网络认证工程师、光网络工程师、软交换系统工程师、国家二级建造师、信息系统安全员等。在项目建设、运维保障、网络安全等专业领域形成了一支初具规模的专业人才队伍，保障了西南油气田数字油气田建设稳步推进。

第二章
数字化转型蓝图

　　近年来，以物联网、大数据、云计算、区块链、人工智能和移动应用为代表的新一代信息技术日趋成熟并得到广泛应用，推动油气田企业运营方式发生变化，进入数字化转型智能化发展的新阶段。

　　西南油气田在分析信息化发展趋势和信息化存在问题与需求的基础上，将信息化发展规划与主营业务发展战略及业务架构相匹配，编制了梦想云在西南油气田的配套实施方案，并以此为西南油气田数字化转型智能化发展的蓝图，指引未来西南油气田的信息化建设。

第一节　主营业务发展规划与架构

一　主营业务发展规划

西南油气田落实中国石油加快发展的决策部署，制定了中长期天然气业务发展规划及建成中国"气大庆"的发展目标，全力推进勘探开发、储运和市场营销等核心业务，打造中国石油"西南增长极"，为建设世界一流综合性国际能源公司、保障国家清洁能源供应和促进区域经济社会发展做出更大贡献。

西南油气田"三步走"战略规划是：2020 年、2025 年、2030 年分别建成300 亿立方米、500 亿立方米、800 亿立方米的产量规模：

2020 年，产量达到 320 亿立方米，建成 2500 万吨油当量，全面建成 300亿立方米战略大气区；

2025 年，加快上产 500 亿立方米，建成 4000 万吨油当量，成为国内最大的天然气生产企业；

2030 年，努力奋斗 800 亿立方米，建成 6400 万吨油当量，并保持长期稳产，成为国内最大的现代化天然气工业基地。

二　主营业务架构

西南油气田现有 17 个职能处室、11 个直属机构和 44 个二级单位，形成了油气勘探、油气开发、油气管道、天然气销售上下游一体化业务链，分为经营决策管理、生产管理、科技研究和生产操作四个层级（图 2-1-1），正按照"油公司"模式构建以勘探、开发、管道、销售为核心，以办公、经营、生产、工程、安全环保、信息化为生产保障的业务运行体系。

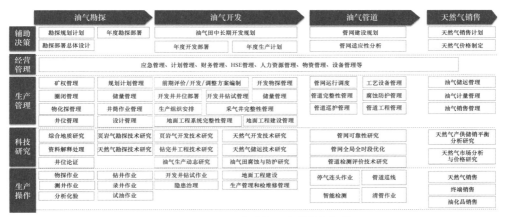

	油气勘探		油气开发			油气管道		天然气销售	
辅助决策	勘探规划计划	年度勘探部署	油气田中长期开发规划			管网建设规划		天然气销售计划	
	勘探部署总体设计		年度开发部署	年度生产计划		管网适应性分析		天然气价格制定	
经营管理	应急管理、计划管理、财务管理、HSE管理、人力资源管理、物资管理、设备管理等								
生产管理	矿权管理	规划计划管理	前期评价/开发/调整方案编制		开发物探管理	管网运行调度	工艺设备管理	油气储运管理	
	圈闭管理	储量管理	开发井井位部署	开发井钻试管理	储量管理	管道完整性管理	腐蚀防护管理	油气计量管理	
	物化探管理	井筒作业管理	生产组织安排		采气井完整性管理	管道巡护管理	管道工程管理	油气销售管理	
	井位管理	设计管理	地面工程系统完整性管理		地面工程建设管理				
科技研究	综合地质研究	页岩气勘探技术研究	页岩气开发技术研究		天然气开发技术研究	管网可靠性研究		天然气产供储销平衡分析研究	
	资料解释处理	天然气勘探技术研究	钻完井工程技术研究		天然气储运技术研究	管网全局全时段优化		天然气市场分析与价格研究	
	井位论证		油气生产动志研究		油气田腐蚀与防护研究	管道检测评价技术研究			
生产操作	物探作业	钻井作业	开发井钻试作业		地面工程建设	停气连头作业	管道巡线	天然气销售	
	测井作业	录井作业	隐患治理		生产管理和检维修管理			终端销售	
	分析化验	试油作业				智能检测	清管作业	油化品销售	

图 2-1-1 西南油气田主营业务架构

第二节 信息化发展趋势

从国际油公司智能油田实践案例和梦想云两方面分析油气企业信息化发展趋势。

一 国际油公司智能油田实践案例

以壳牌公司、英国石油公司、沙特阿美公司、挪威国家石油公司、道达尔公司和马来西亚国家石油公司 6 家有代表性的国际油公司智能油田建设情况为例。

1. 壳牌公司

壳牌（Shell）公司从 2002 年开始实施智能油田项目。在第一个十年，建立了总部实施组，进行概念设计及个性化解决方案设计、实施并验证；在第二个十年，继续研发新技术，同时推广成功的个性化解决方案，总结形成通用解决方案加以全面推广。

壳牌智能油田建设方案包括：通过应用智能井、光纤传感及智能移动终端等新技术手段，部署油藏监测、压裂监测、实时优化等业务应用，通过建设协同工作环境、交互大屏幕等实现科学生产及协同管理。

壳牌智能油田建设的技术思路是采集—建模—分析—应用。通过部署聪明井、自动化采集设备及数据传输设备实现数据采集；建立集成资产模型实现油井生产各业务领域的优化分析；建设协同工作环境支持新的业务工作模式（图2-2-1）。

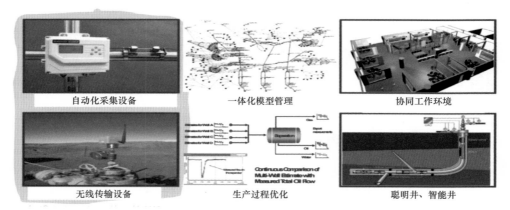

自动化采集设备　　　　一体化模型管理　　　　协同工作环境

无线传输设备　　　　生产过程优化　　　　聪明井、智能井

● 图 2-2-1　壳牌公司智能油田建设技术思路

2.英国石油公司

英国石油公司（BP）于2003年开始实施未来油田（Field of the Future）项目，目标是实现实时监测地下油藏和设备，将数据传送到远程中心进行快速分析和处理，提高运营绩效。

英国石油公司认为未来油田建设的关键任务有两个：一个是完善数据，特别是在油藏管理方面；另一个是增强自动处理能力，减少日常运营的人为干预，包括远程监控和诊断、信息整合与共享、建模与优化、远程运营支持等（图2-2-2）。

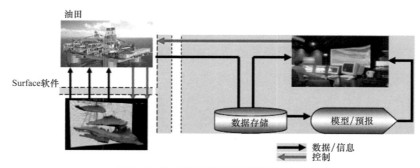

油田

Surface软件

数据存储　　　模型/预报

数据/信息
控制

● 图 2-2-2　英国石油公司未来油田示意图

实现层次分为 3 个：一是优化，即油藏、井和设备等模型驱动的决策制定；二是远程效率管理，为决策者提供数据；三是自动化和通信基础设施，传递实时数据。

实现技术主要是传感器、自动化技术和信息技术。

3.沙特阿美公司

沙特阿美公司在智能油田项目（I-Field Project）中把智能油田的框架分为 4 层，即监测层、集成层、优化层和创新层（图 2-2-3）。

● 图 2-2-3　沙特阿美公司智能油田框架

第一层为监测层（Surveillance），提供持续监测，应用数据管理工具和流程确保数据使用；

第二层为集成层（Integration），根据连续的实时数据判断趋势和异常，并预警通知工程师，以便进一步分析和处理；

第三层为优化层（Optimization），具有高效的优化能力，可以提供推荐方案；

第四层为创新层（Innovation），通过知识管理和经验学习使各业务环节实现智能化。

智能油田项目的主要成果：一是开发投用了两个智能油田中心，实现实时油藏管理；二是实现了 8 个主要工作流，包括注产比监测、压力维护、驱油效率、水气入口检测与诊断 4 个执行工作流，新井规划、油井维修和补救计划、储运设施消耗计划、关键计划监测 4 个技术规划工作流；三是开发并投入使用地面和地下模型系统。

沙特阿美公司建立了智能的一体化指挥中心，指挥中心的大屏幕汇集了原油开采、炼油、化工、成品油销售整个生产供应链的数据。各专业的数据分区块在大屏幕上展现，每个区块上的专业领域都有相对应的业务人员，业务人员可以操作自己的个人电脑，也可以切换到大屏幕上协同工作。大屏幕上的内容可以点击进入，点击某个区域的数据或图形，可展示更详细的信息。例如，对输油管线监控情况可逐级点击相应管线，查询管线上关键节点信息如输油泵运行状态、管线输油量等，也可对历史数据进行趋势分析，还能查询各节点生产流程图及各测点实时数据。

4. 挪威国家石油公司

挪威国家石油公司于 2019 年 10 月宣布全数字化环境在 Johan Sverdrup 油田投产，该油田最高产量占挪威全部产量的 25%。通过以人工智能、数字孪生为核心的云、平台、机器人、无人运输等技术，使得建设成本降低 40 亿美元，运营操作成本低于 2 美元 / 桶。

（1）部署 Engineering Base（EB）协作平台，从开发到运营的各个阶段实现与外部分包商的高效协作；

（2）建立了地上地下一体化的可实时更新的数字孪生模型；

（3）建立并公开了地下知识库 OSDU，存储了超过 35 万个文档；

（4）集成了 3000 多个系统的数据；

（5）利用微软 OMNIA 云数据平台，实现跨学科数据共享；

（6）实现平台作业工单全自动化生成；

（7）3D 打印设备，无人机运输物资，机器人现场安装设备。

5. 道达尔公司

道达尔公司搭建油气生产一体化协同研究平台（图 2-2-4），对油气藏、注采井、地面管网和设备各环节进行生产一体化动态模拟，将单个生产环节紧密连接起来，在投产前进行各种开发方案的对比评估，在投产后进行开发效果的跟踪与评价，解决了诸多开发生产问题，优化了整个生产运行系统，提高了开采效率和经济效益。

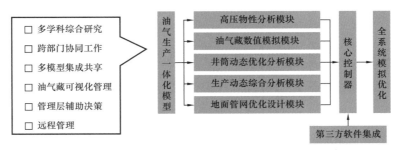

● 图 2-2-4 道达尔公司油气生产一体化协同研究平台

6. 马来西亚国家石油公司

马来西亚国家石油公司萨玛郎油田通过智能油田的建设，让现场各项工作的进行都更加高效和准确。油田现场技术团队的日常监测与优化工作流程融合到总部开发生产优化管理的工作流程中，使总部生产优化决策更快更准确地在油田现场得到落实（图 2-2-5）。

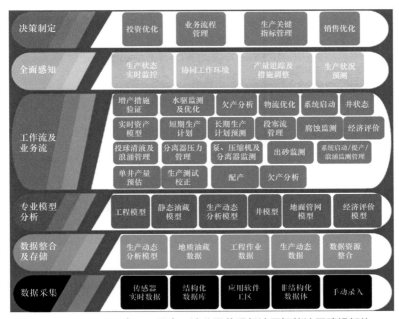

● 图 2-2-5 马来西亚国家石油公司萨玛郎油田智能油田建设架构

马来西亚国家石油公司借助于斯伦贝谢公司的技术，集成了多家主流软件供应商的上百种软件，打造了总部与油田现场一体化的、标准的、简化的一体化运营平台，实现了马来西亚国家石油公司在低油价背景下增储上产及经济效益的全面提升。

取得的成效是：建成世界第一个"活的"一体化资产模型；形成世界唯一一个稳态与瞬态结合的流动保障；油气田开发周期从两年缩短到 6 个月；海上油田的开井效率保持在 80% 以上；延长油田寿命 18 年，产量突破峰值 2.5 万桶 / 天，采收率提高 10%；仅物流一项工作流就为马来西亚国家石油公司节约累计 10 亿马币。

从以上案例可以获知，国际油公司正全力推进企业的数字化转型智能化发展，普遍开展了智能油田建设，利用物联网、移动应用、大数据、云计算等信息技术实时采集、传输、处理、分析各类数据，构建智能应用场景，实现对油气田的全面感知、生产优化、一体化协同研究、一体化运营与资产整合，充分发挥了生产能力，促进了各部门和各业务之间的协同，减少了运营风险，提升了工作效率和投资（资产）回报率。平台化、一体化、共享应用是智能油田的显著特征。

二　勘探开发梦想云

"十三五"初期（2016 年），中国石油根据自身业务发展对信息化的需求，结合国际油公司信息化最佳实践，提出建成"共享中国石油"、持续推进"数字化转型"的信息化发展战略。通过数据、信息、知识、资源、服务等充分共享，创新形成以共享中心为主要特征的生产经营组织模式，由传统的"职能部门分工负责 + 现场值守"转变为"共享技术、资源 + 专业化运营"，大幅提高油气生产效益、全员劳动生产率和整体竞争实力。

为践行"共享中国石油"信息化发展战略及"一个整体、两个层次"（坚持"六统一"原则，整体推进中国石油信息化工作；中国石油和专业公司两个层面共同推进信息化建设）总体要求，提出了以"两统一、一通用"（统一数据湖、统一技术平台，通用应用和标准规范体系）为核心、集成共享为目标的勘探开发梦想云建设蓝图，以统一数据湖、统一云平台支撑油气勘探、油气开发、协同研究、生产运行、经营决策、安全环保、工程建设、油气销售8大通用业务应用一体化运营，实现油气田业务数据互联、技术互通、研究协同，推动油气田业务全面进入"厚平台、薄应用"的信息化建设新时代，为油气田业务高质量发展提供有效支撑。

2018年，中国石油正式发布了梦想云，将梦想云作为勘探与生产领域的信息化顶层设计和智能云平台，为油气田企业数字化转型智能化发展指明了方向，提供了统一技术平台（图2-2-6）。

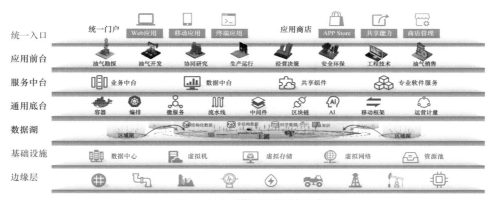

● 图2-2-6　勘探开发梦想云架构

第三节　信息化存在问题与需求

一　信息化存在问题

西南油气田确定了到2025年生产500亿立方米成为国内最大的天然气生产企业、2030年生产800亿立方米成为国内最大的现代化天然气工业基地的业务发展目标，为达成这些目标，科研创新效率亟待提高，生产运营和管理效率有待继续提升，需要借助数字油气田、智能油气田建设获得支撑。

西南油气田数字化（信息化）建设现状对标国际油公司智能油田建设实践，对照全面建成数字油气田、打造智能油气田、实现数字化转型智能化发展的要求，在基础设施优化完善、数据质量提升共享和业务应用智能协同三个方面还存在一些不足和问题。

1. 基础设施

根据"油公司"模式管理要求，按照智能油气田数据管理和一体化智能协同等应用需求，"云网端"基础设施面临的主要问题包括：资源动态优化能力不足、已建系统技术平台不统一、物联网尚未覆盖全部生产领域和网络安全未实现全面防护。

1）资源动态优化能力不足

随着西南油气田数字油气田建设的全面推进和智能油气田建设的启动及业务规模的逐渐增大，现有计算、存储资源还存在缺口；西南油气田虽已建光纤骨干环网，但因建运时间长、网络拓扑复杂、骨干带宽容量低，存在延时、丢包等问题隐患，不能构建逻辑专网，也不能有效提供差异化带宽和网络服务；卫星通信、4G/5G 等高速无线传输网覆盖率不高，不能实现偏远地区数据的高速传输。

2）已建系统技术平台不统一

"十二五""十三五"以来，为快速支撑业务发展，结合自身业务特点，西南油气田先后开展了集团统建系统的推广和各业务领域自建专业平台的建设，但由于信息化建设的服务单位多，形成了"烟囱式"应用模式，使得部分系统技术平台不统一，导致专业应用模块的集成和云化改造的难度大。

3）物联网尚未覆盖全部生产领域

生产实时数据存储资源不足、采集点不完整、数据应用程度不高（仅限于组态和数据浏览），缺乏支撑物联设备检维修的统一运维支撑平台；按照智能物联网建设标准，现有设备不能完全满足高清监控、智能识别、边缘计算等应用需求；净化厂、储气库、管道等的物联网尚需持续建设和升级完善。

4）网络安全未实现全面防护

为全面保障西南油气田数字油气田、区域数据湖与智能油气田应用等建设成果的安全平稳运行，网络安全面临的问题包括：网络安全、数据安全和工控安全的防护措施体系尚未全面建立，需要全面构筑立体纵深、动态感知、协同防御、全域控制的智能油气田网络安全防护体系。

（1）网络安全防护体系尚未全面建立。网络安全防护体系、网络安全管理体系和运行机制尚未全面建立，网络安全相关的管理体系、技术标准、防护工具尚未有效整合；没有深入贯彻和统一管理国家、行业、中国石油制定的网络安全相关标准和规章制度，需要持续建立健全油气田网络安全与信息保密相关的标准规范体系和推进实施机制。

（2）数据安全防护体系亟待加强。尚未构建覆盖数据采集、传输、存储、应用全过程的管理制度和技术防护体系；为保障区域湖数据入湖及数据共享，目前在数据安全方面还缺乏大数据应用开发、外设组件、访问控制、服务活动、应急响应等全生命周期技术防护措施和协同防御机制。

（3）工控安全防护体系仍需加强。目前的油气生产物联网系统缺少身份访问控制、入侵防范措施等防护功能，且没安装防病毒系统，物联网系统工控安全防护体系仍需加强；未全面建立西南油气田所有生产领域的工控安全防护体系，尚需建立健全净化厂、储气库、管道等领域的工控安全防护体系及防护措施。

2. 数据管理

数据管理主要面临数据质量亟待提升、数据共享应用难度大和数据治理体系不完善问题。

1）数据质量亟待提升

西南油气田业务链条长、系统建设单位多、技术标准不统一，数据质量参差不齐，数据整合集成难度大；主数据、业务数据、实时数据的数据质量、管控及检索不能满足一体化协同、大数据建模、智能化应用等新需求。

2）数据共享应用难度大

数据源头多，大量数据重复采集、分散存储，存在严重的"数据孤岛"现象，跨板块跨领域跨专业数据共享机制尚未全面建立，需要通过区域湖建设和数据治理入湖，实现数据统一管理和全面共享。实时数据在办公网仅有组态和数据浏览等简单应用，且用户范围仅限于生产运行相关的岗位，需要充分结合大数据、人工智能等技术，达到智能预警、数据分析、生产优化、决策指挥等应用效果。

3）尚未建立完善的数据治理体系

因西南油气田已建系统的数据标准与应用规范缺乏一致性，"数出多门、同数异源"的情况普遍存在，系统间无法直接实现数据的集成共享；在西南油气田尚未建立完整的数据治理体系，未形成天然气业务链完整的数据生态，抑制了数据的进一步深化应用，数据价值未能充分挖掘。

3. 业务应用

西南油气田各业务领域数字油气田建设与应用成效显著，但随着西南油气田业务规模的快速增长，结合智能油气田特征及应用需求，业务应用主要还存在一体化协同工作模式构建难、跨专业综合决策支撑能力弱、智能化应用场景涉及领域少等问题。

1）一体化协同工作模式构建难

通过统建系统推广及自建系统应用，专业领域内管理流程及在线协同已基本建立，但由于业务链长、流程复杂，构建跨部门、跨专业、跨领域一体化协同应用的难度大，需要建立勘探开发、工程技术、生产管控、产运储销等一体化协同工作模式。

2）跨专业综合决策支撑能力弱

西南油气田和二级单位在工程技术、开发生产、页岩气、龙王庙等重点领域缺乏支撑生产、应急的决策指挥平台，需要通过利用数据挖掘、大数据分析、可视化展示等手段打造智能生产管控中心和智能辅助决策中心，打造生产经营、科研协同的一体化智能决策能力。

3）智能化应用场景涉及领域少

龙王庙气藏自动化、数字化程度高，但缺乏支撑高效、安全生产的一体化资产模型和智能工作流；"十四五"期间，正是页岩气快速上产关键时期，建设与生产的任务重、工作量大，急需通过数字化、智能化手段来提高生产效率、减少人员投入、降低成本；工厂、储气库、管道、高含硫等重点领域急需通过智能化应用来实现智能管控和安全生产。

二　信息化需求

针对上述信息化存在问题，迫切需要利用新一代信息技术推动数字化、智能化转型，以解决勘探开发难题、克服环境约束、降低勘探和开发生产成本、优化业务流程和生产组织，提高西南油气田科研、生产和经营管理水平，打造"智能 + 油气技术"的竞争新优势。

1. 基础设施

1）硬件资源和网络通信建设

需要以提升全面感知能力为目标，建设以云计算平台和高性能计算为重点的云数据中心、以三维可视化（VR/AR）预警为重点的天然气生产营运中心、支撑 IPv6 和 5G 技术的高速宽带网络、现场机器人 / 无人机智能化应用、高清智能终端和网络安全中心等，实现数据就地分析、告警上传、边云协同、AI 一站式应用。

2）物联网建设

需要持续推动智能物联网的建设，实现"通道"高速泛在、"生产"智能感知、"资源"集中共享和"运行"安全可靠，充分支撑数字油气田、智能油气田业务系统高速、智能运转。

3）网络安全建设

需要以提升网络安全和数据安全防护能力为目标，建成覆盖油气田全业务领域关键信息基础设施的网络安全保障体系，打造全天候全方位网络安全态势感知及防御能力，建成统一指挥、集中管控、分级负责、三级联动的网络安全协同应急保障中心，保障天然气产运销各环节业务数据与应用安全受控。

2. 数据管理

需要以提供高效的数据底层环境为目标，建设天然气业务链大数据管理平台，以公司级数据湖为核心实现统一、开放的数据生态，重点突破数据质量问题智能自动化识别和处理技术、工业控制系统实时数据存储技术，以及兼容多种应用环境的数据并行化获取和接入技术。

1）建立西南油气田天然气业务链区域湖

通过数据治理、数据入湖、配套硬件和安全保障措施，实现勘探、开发、工程、经营、科研、安全等领域业务数据、实时数据、技术成果数据的统一管理，满足西南油气田数字化、智能化的应用需求。

2）构建西南油气田天然气业务链大数据分析应用环境

支撑多源数据接入、综合数据治理，发挥西南油气田关键数据资产价值，提高成果复用率，实现勘探开发、生产运行、销售经营等各类数据统一、规范的数据生态开发利用，为业务应用提供安全、高效、高质量的一站式数据服务；构建气藏模型、井筒、设备设施、管网运行、储气库等专业模型，为大数据分析、认知计算等智能化应用提供数据资源与应用支撑。

3. 业务应用

1）勘探开发工程技术一体化业务协同

以平台化应用和流程化管控为支撑，基于统一业务管理技术基础平台，建立集矿权储量、勘探规划部署、井位部署、开发方案、产能建设、油气生产等业务于一体的勘探开发工程技术一体化业务协同平台，推进数字化建设阶段被动简单应用模式向智能化建设阶段主动定制服务模式的实质转变。逐步实现常规业务流到智能工作流的升级，为创建"跨学科、跨地域、全时段、全线上"一体化业务协同工作新模式提供有力支撑。

2）天然气生产全过程智能管控

建立集监控、警报、诊断、预测、优化功能于一体的天然气生产智能监控工作流，监测气藏递减规律或水驱过程，降低气井人工干预，重点关注影响生产损失的因素，提高团队生产力和流程效率，实现"单井—集气（增压）站—净化厂—长输管道—分输（配气）站—用户门站"全业务链生产运行的分级实时智能管控，提升天然气生产储运销售全过程实时智能管控能力。

3）天然气产运储销一体化经营管理

以大数据管理与分析技术为支撑，在天然气勘探、开发、生产、储运、销售等各生产环节经营和技术数据一体化集成基础上，基于宏观环境研判、市场需求预测、价格承压分析、销售结构优化、价格方案设计等手段，实现西南油气田天然气产运储销全业务过程的价值链分析和实时效益评估，全面支撑天然气以销定产、产销平衡的优化运营，提升西南油气田运营水平。

4）科研协同创新

构建数据互联、技术互通、成果互用、协同创新的科研协同工作环境，推动研究工作从传统的"专业分工＋项目研究＋成果汇报"模式向云平台支撑的"多学科团队＋跨地域协作＋在线汇报交流"模式转变。

4. 智能油气田示范工程建设

需要以常规气、页岩气、储气库、净化厂、管道的智能化建设为示范，设计部署多部门协同、跨学科研究的工作流，实现气藏、井筒、管网、经济一体化联动模拟优化，支持天然气勘探、开发、生产、集输、净化全业务链一体化生产经营与智能化管理决策，有效提升气田生产效率和气藏采收率，实现天然气产运储销经济效益的最大化。

1）龙王庙智能气田

在龙王庙数字气田建设的基础上，通过利用先进成熟的信息技术，实现气藏动态跟踪研究、单井实时分析优化与管网智能调节，支撑龙王庙组气藏长期稳产，提升经济效益。

2）页岩气智能气田

在数字气田基础上借助已有的 BPM、物联网、GIS 信息技术，引入大数据分析、工作流、AR/VR 等新技术，构建页岩气智能气田一体化协同工作环境，高效支撑业务管理与科研协同，形成页岩气领域"生产作业实时优化、研究分析工作智能化、管理决策流程自动化"应用场景。

3）智能储气库

通过建立储气地层、井筒和地面系统一体化仿真模拟，对储气和供气能力进行计算，追踪历史产量趋势，同时对储气地层、井、储气和供气系统以及安全运行进行重点诊断、智能决策，辅助人工科学指导或干预生产，提高储气和供气系统的效率和效益。

4）智能工厂

以净化生产合格外输、"三废"达标排放为目标，建成净化智能工厂，实现自动化、数字化、模型化、可视化和集成化。

5）智能管道

利用智能仪表、智能视频、微泄漏监测、无人机巡检、振动光纤预警等信息化技术，打造管道全面感知能力，实现管道运行安全可控。

第四节　梦想云配套实施方案

西南油气田遵循中国石油数字化转型智能化发展的"共享中国石油"信息化发展战略，结合自身业务运营和发展对信息化的需求，组织编制了梦想云西南油气田配套实施方案，以天然气精益生产、卓越营运为目标，以梦想云平台为依托，推动西南油气田业务流程、组织结构、数据和技术的互动创新和持续优化，建立勘探开发生产运营新模式，实现"油公司"模式下低成本高质量发展。2020 年全面建成数字油气田，数字化转型初见成效；预计 2025 年初步建成智能油气田，实现"业务归口化、机构扁平化、辅助专业化、运行市场化、管理数字化"的油公司模式转型；预计 2030 年全面建成智能油气田，全面实现数字化转型智能化运营。

一　编制原则

梦想云在西南油气田配套实施方案的编制原则是：

（1）按照中国石油"两统一、一通用"的建设原则，西南油气田结合自身主营业务"三步走"发展战略，以两化融合为指导，制定"十三五""十四五""十五五""十六五"4个阶段的信息化建设总体目标。

（2）按照"通用业务应用"中国石油统一云化建设的总体安排，梳理并编制西南油气田配套的区域云平化建设方案、区域湖建设方案、特色业务应用建设方案、基础设施建设方案等。

（3）按照中国石油统一部署，优先完成勘探与生产领域的业务应用建设；同时围绕西南油气田特色业务，重点向开发生产、工程技术、管道、产运储销一体化等领域的应用进行拓展与延伸，并突出页岩气、储气库、净化厂等特色应用。

（4）为满足中国石油和西南油气田的数字化、智能化应用需求，前期重点完成区域湖建设，着力打造龙王庙、页岩气、储气库、净化厂等智能应用示范，推进天然气业务链决策指挥中心建设。

二　总体目标

西南油气田对标勘探与生产分公司信息化顶层设计——勘探开发梦想云，匹配"三步走"业务发展战略，以打造智能油气田为目标，在数字油气田建设已取得成果的基础上，制定了到"十六五"末的信息化各阶段目标（图2-4-1）。

1. 到2020年，全面建成数字油气田

到"十三五"末（2020年），建成300亿立方米战略大气区，全面建成数字油气田，实现气田勘探开发、生产经营各项业务活动的应用集成和数据共享，优化生产组织，推动企业创效能力增强，打造国内两化融合示范企业；全面实现生

产运行"岗位标准化、属地规范化、管理数字化"和"自动化生产、数字化办公、智能化管理"（简称两个"三化"），开展油气生产物联网升级完善，物联网覆盖率达95%以上；开展勘探生产管理平台和开发生产管理平台建设，开展龙王庙、页岩气两个智能气田示范工程建设，探索业务运营新模式，引领西南油气田数字化转型。

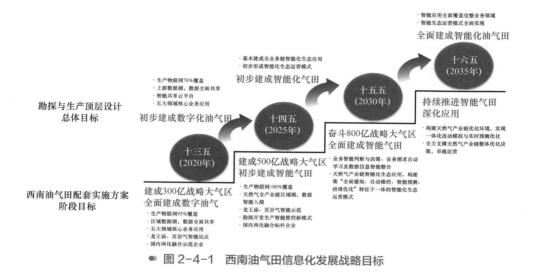

● 图 2-4-1 西南油气田信息化发展战略目标

2. 到 2025 年，初步建成智能油气田

到"十四五"末（2025年），建成500亿立方米战略大气区，基于梦想云初步建成以"全面感知、自动操控、智能预测、持续优化"智能化生态运营模式为特征的国内一流的智能油气田。油气生产物联网覆盖率达100%以上，建立天然气全业务链区域数据湖；在龙王庙、页岩气、管道、储气库、净化厂建成智能油气田示范，建立天然气产运储销优化运行一体化模型，实现勘探开发智能管控新模式，助力西南油气田天然气全业务链的可持续绿色发展，打造国内两化融合标杆企业。

3. 到 2030 年，全面建成智能油气田

到"十五五"末（2030年），天然气产量达到800亿立方米，天然气勘探开

发技术全面达到国际先进水平。利用人工智能实现业务智能判断与决策、业务需求自动学习及数据信息智能整合，天然气业务链全面建成集"全面感知，自动操控，智能预测，持续优化"智能化生态运营模式特征于一体的国际一流智能油气田。

4."十六五"期间（2031—2035 年），持续推进智能油气田深化应用

构建一体化联动模拟与业务链整体优化决策的运行模式，实现卓越运营。

三　总体架构

梦想云西南油气田配套实施方案总体架构如图 2-4-2 所示，由边缘层、网络通信层、计算存储层、区域数据湖、区域云平台、应用层和决策层共 7 层构成。

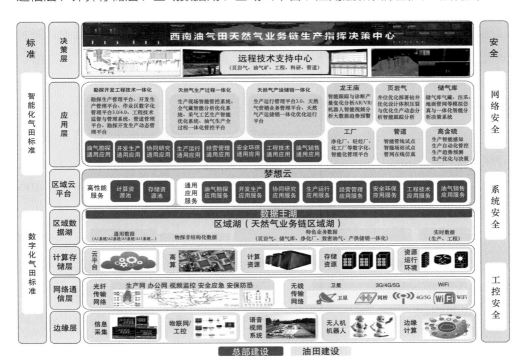

● 图 2-4-2　梦想云西南油气田配套实施方案总体架构

边缘层：包括信息采集、物联网 / 工控系统、语音视频系统、无人机 / 机器人、边缘计算等。基于气田生产作业现场安装的智能仪器仪表完成现场生产实时数据自

动采集；基于物联网／工控系统实现生产现场实时监控和远程控制；为工控系统、语音视频系统、机器人及无人机等的运行提供数据保障，并借助边缘计算系统，满足生产作业现场智能快速响应需求。

网络通信层：包括光纤传输网络和无线传输网络。光纤传输网络以 OTN 技术为主，SDH、PTN 技术为辅，通过组建油田生产网、办公网、视频专网 3 套专网，满足数据传输和各类应用需求；无线传输网络融合卫星、4G/5G、WiFi 等技术，满足生产现场"最后一公里"网络接入，提供高速稳定的传输通道。

计算存储层：包括区域云平台、高性能计算、云计算资源、云存储资源和云资源机房运行环境，为智能油气田建设提供高性能计算环境和存储能力。

区域数据湖：由通用数据、物探非结构化数据、特色业务数据、实时数据四部分构成。通用数据全部共享至主湖，并满足 8 类通用应用的数据应用需求；物探非结构化数据包括本地管理的地震采集数据和处理、解释等成果数据，满足勘探开发研究及管理应用需求；特色业务数据是满足页岩气、储气库、净化厂、致密油气、高含硫及天然气产运储销一体化等应用的数据；实时数据包括油气生产现场和作业现场产生的实时数据。

区域云平台：包括高性能服务和通用应用服务。高性能服务包括计算资源池和存储资源池；通用应用服务包括油气勘探、开发生产、协同研究、生产运行、经营管理、安全环保、工程技术、油气运销等 8 类通用应用服务，并为各业务领域用户提供通用业务应用服务。

应用层：包括 8 类通用应用、6 个智能油气田特色应用和 3 个一体化协同。西南油气田在 8 大通用业务领域探索数字化和智能化应用，同时重点拓展油气勘探和开发生产领域的特色应用，打造基于梦想云的以数据共享、智能工作流为特点的页岩气智能油气田典型应用示范，并逐步拓展到储气库、净化厂、管道和高含硫气田。

决策层：包括天然气业务链生产指挥决策中心和重点领域远程技术支持中心。其中，天然气全业务链生产指挥决策中心具备"大数据看板＋智能调度＋应急指挥"等功能，可提升"智能化、可视化、一体化"生产决策能力，实现专家实时优化，现场智能管控，指挥精准科学；重点领域远程技术支持中心形成以公司机关、研究院所、现场监督为核心的"三级协作"模式，实现远程监督、远程支持、远程决策。

四 建设方案

梦想云西南油气田配套实施方案按照"1186431"进行设计和建设，主要内容包括：

"1"：1个平台——西南区域云平台；

"1"：1个数据湖——西南区域数据湖；

"8"：8类通用业务应用——油气勘探、开发生产、协同研究、生产运行、经营管理、安全环保、工程技术、油气销售；

"6"：6个智能油气田特色应用——龙王庙智能气田建设、页岩气智能气田建设、智能工厂建设、智能储气库建设、智能管道建设、高含硫智能油气田建设；

"4"：4方面基础保障——计算存储资源（计算存储层）、网络通信（网络通信层）、油气生产物联网（边缘层）、网络安全；

"3"：3个一体化工作环境——勘探开发工程技术一体化协同研究、天然气生产过程一体化协同管控、天然气产运储销一体化协同运营，共同构成全业务链一体化协同；

"1"：1个决策指挥中心——天然气业务链生产指挥决策中心。

1. 西南区域云平台建设方案

在西南油气田基础设施云上本地化部署梦想云（图2-4-3），提供用于开发数据中台、服务中台和应用的开发测试环境，并依据梦想云的相关标准规范进行服务的开发和标准化，保证中国石油的业务和应用需求，同时满足油气田自身的业务灵活性和高扩展性。

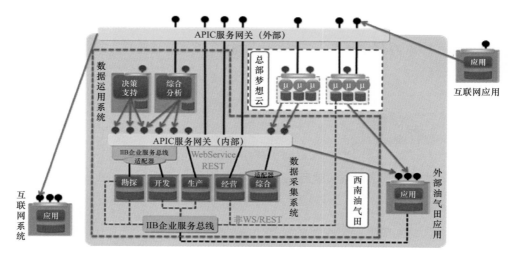

● 图2-4-3 西南区域云平台部署架构

新应用基于梦想云原生建设，在建的应用基于梦想云逐步实施云化集成，已建的基于 SOA 平台的系统，通过 SOA 基础软件平台提供的服务网关与西南油气田内外部系统进行服务交互，与梦想云实现平台级的服务对接。分批次、分年度开展 8 大通用业务相关的 17 套应用系统（平台）及 38 类专业软件的云化改造和部署工作（表2-4-1，表2-4-2）。

表2-4-1　17套信息系统和平台列表

序号	业务	系统/平台	系统/平台数量
1	油气勘探	勘探研究成果管理系统、勘探生产管理平台、钻井设计与管理系统	3
2	开发生产	作业区数字化管理平台、设备综合管理系统、开发生产管理平台	3
3	生产运行	生产运行管理平台	1
4	龙王庙	龙王庙数字气田、龙王庙智能气田示范	2
5	页岩气	页岩气勘探开发数据共享平台、页岩气智能工作流	2
6	储气库	储气库数字化管理平台、智能储气库	2
7	工厂	智能净化厂、轻烃厂智能应用	2
8	管道	管道管理平台、智能管道应用	2
小计			17

表2-4-2　44套专业软件系统列表

序号	专业	软件	软件数量／套
1	地震解释	GeoDepth、GeoEast、Kingdom	3
2	试油试气、压裂	完整管柱及完整性屏障绘图软件、PPS 压力计标定软件、ECRIN、Wellwhihc 压后评估软件、GOHFER 软件、Mfrac 三维压裂设计优化模拟	6
3	油气藏描述	Jason、Strata、HRS、Petrel、JewelSuite、CMG、Intersect、Ecrin	8
4	采油气工艺	E-Stimplan-shale、Meyer、InTech	3
5	生产管理	Studio、livequest	2
6	生产动态分析	OFM、Citrine、Topaze	3
7	页岩气	TECHLOG 一维岩石力学处理和分析、Kinetix 一体化压裂设计及微地震、ECLIPSE/IX 数值模拟、Guru、Ocean	5
8	储气库	四维地质软件、斯伦贝谢储气库软件	3
9	管道	管道风险评价、压力管道剩余强度评价、管道剩余寿命评价、场站 RBI 定性评价、SIL 评价、定量风险评价 QRA	6
小计			38

2. 西南区域数据湖建设方案

按照中国石油数据湖 2.0 的总体设计，结合西南油气田通用业务和特色应用敏捷建设需求，通过连环湖架构实现数据逻辑统一、分布存储、互联互通，主湖管理核心数据，支持共享应用，西南区域数据湖管理西南各类数据资产，负责数据入湖治理。

基于梦想云平台，围绕中国石油数据主湖建设区域数据湖，统一管理天然气全业务链各类数据，支撑通用业务和特色业务的数据应用，打造天然气上中下游数据和应用生态（图 2-4-4）。区域数据湖部署数据治理环境、共享存储层和分析层（包含 PostgreSQL、Greenplum、OpenTSDB、ElasticSearch、Kylin、Hadoop、

DataPipeline 组件）；部署数据湖管理工具，实现区域湖的数据库组件、数据模型、数据运行监控和数据服务的管理工作；开展模型标准、数据集标准的建设，为数据湖共享存储层、应用层提供稳定的数据结构；开展勘探开发结构化、非结构化数据入湖实施工作，并打通与主湖之间的数据通道；部署数据入湖工具，实现数据自动入湖；部署数据治理评估工具，开展数据治理工作。

数据存储及流转：数据湖采用连环湖结构，对于上游业务通用应用的数据，统一存储到基于 EPDM2.0 的数据共享存储层；区域湖的数据包括两部分，基于数据共享存储层标准的数据由油气田治理入区域湖后统一同步到主湖，油气田自建应用相关的数据直接存储到区域湖共享存储层。

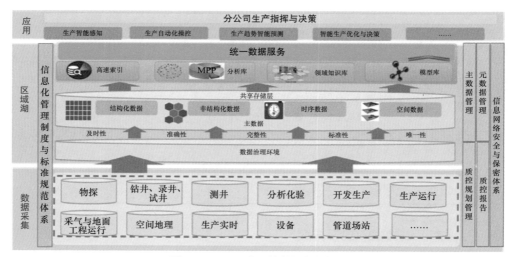

● 图 2-4-4　西南区域数据湖总体架构

区域湖管理应用：油气田负责源头数据采集，实现自建应用系统数据入区域数据湖；负责本油气田的数据贴源区管理及相关数据治理，保障共享数据进入中国石油主湖；开展区域湖的扩展建设，支撑高速检索查询、大数据智能分析等应用；油气田可基于区域湖部署本地特色应用。

区域湖建设规划：西南区域数据湖是重要的数据基础环境，2020 年开展了项目建设的前期工作（可行性研究），预计 2021 年上半年启动建设，2022 年建成西南区域数据湖（一期）工程，2023 年启动数据湖（二期）建设项目。

配套西南区域数据湖建设，遵照"有效性、统一性、开放性、安全性、价值化"的原则，制定西南油气田数据管理办法和各类专业数据应用与运维管理实施细则。全面进行数据治理蓝图规划，遵照区域数据湖入湖标准，开展数据治理架构与体系建设，制定各专业数据治理方案，开展常态化数据治理监督和考核，整体提升基础数据质量，进一步挖掘数据应用价值（图 2-4-5）。

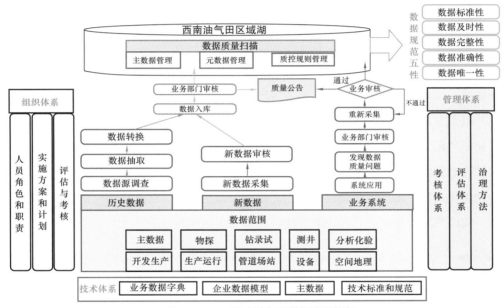

● 图 2-4-5　西南油气田数据治理框架

数据治理计划：总体上分 4 个阶段逐步开展。第 1 阶段，建立数据治理机制，健全数据管理制度；第 2 阶段，制定数据入湖标准，搭建数据治理体系；第 3 阶段，按照数据治理体系，制定各专业数据治理方案并落地实施；第 4 阶段，通过数据管理办法和数据治理门户实现数据考核监督。

3. 通用业务应用建设方案

在梦想云平台提供的通用业务应用功能基础上，结合西南油气田各领域业务特点，探索数字化和智能化应用。例如，开展勘探生产管理平台和开发生产管理平台建设，实现勘探开发生产管理流程化协同工作；完善气藏、井筒、地面工程"管理、技术、操作"三类标准管控体系，重塑工作流程和岗位质量标准，实现生产管理、操作、组织全部线上运行，助推西南油气田转型升级向纵深发展。

4. 智能油气田特色应用建设方案

1）龙王庙智能气田示范工程建设

借助一体化资产模型和智能化工作流（智能配产、智能跟踪与诊断、应急处理等），以实现生产监测调控及时准确、全局共享协同优化为主要目标，建立智能油气田协作指挥中心，构建"模型＋智能工作流＋开发业务流"的智能油气田转型新模式，支撑龙王庙气田科学、高效生产。

以龙王庙智能气田为示范，掌握智能油气田设计和建设技术，作业区初步建成智能气田，建立起气田开发自动化运行、全局化优化和智能化管理新模式。逐步推广建成双鱼石、高磨二期等智能气田，构建气藏、井筒、地面一体化模型，利用协同优化技术，形成"智能感知、自动操控、趋势预测、优化决策"的智能生产流程，实现气藏最佳生产状态，降低生产成本（图2-4-6）。

● 全面感知：人/物智能感知、智能主动安防，可视智能监督；　● 智能预测：阈值趋势预警、智能辅助研判、异常智能诊断；
● 自动操控：电子自动巡检、运行自动诊断、紧急自动联锁；　● 持续优化：全局优化配产、智能跟踪诊断、应急协同处理

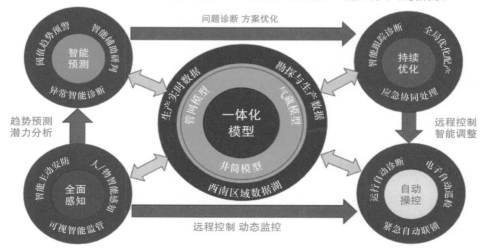

● 图2-4-6　龙王庙智能气田总体框架

新区推广策略：以数字孪生模型、智能工作流和智能管控为核心，搭建一体化智能管控平台，同时充分考虑老区相同业务、相同系统的集成整合，预留相应的接口及资源。

老区推广策略：进一步完善物联网未覆盖区的相关信息化基础设施，完成开发生产管理平台全部 9 大业务流程上线，实现与作业区数字化管理平台无缝衔接，并根据实际情况适时实施智能化应用。

2）页岩气智能气田示范工程建设

在数字油气田的基础上，围绕勘探、开发、生产、经营等核心业务应用，设计和部署基于专业计算模型的工作流，构建跨业务跨领域的一体化协同工作环境，实现"定好井、钻好井、压好井、管好井" 4 个目标，实现生产动态全面感知、生产过程自动优化、趋势特征智能预判、管理研究协同创新、辅助决策集成共享（图 2-4-7，图 2-4-8）。

● 图 2-4-7　页岩气智能气田业务目标

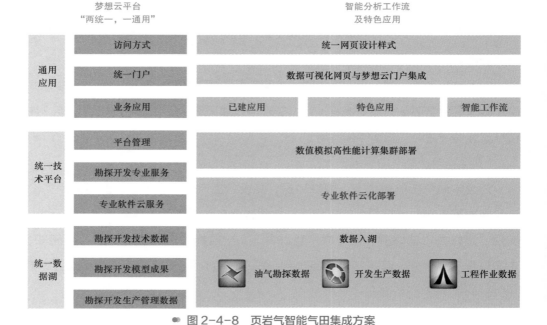

● 图2-4-8 页岩气智能气田集成方案

3）智能储气库建设

建立储气库地层、井筒和地面系统一体化仿真模拟模型，精确刻画储气地层的特征，对储气和供气能力进行计算，还可以追踪历史产量趋势，实现储气库瞬时动态分析。同时，对储气地层、井、储气和供气系统、以及安全运行进行重点诊断，用大数据技术进行分析研判，用人工智能算法学习预测曲线，实现相国寺智能储气库地下地上一体化动态模拟。整合储气库生产管理、运行优化、决策支持分析系统，最终实现基于动态模型预测预警的实时、远程、智能化自动生产管理。

首先结合相国寺储气库需求及现状，基于梦想云平台，采用微服务技术架构，搭建一套支持数字孪生技术体系的"智能储气库平台"，具备数据全采集、工业智能APP组态开发、工业数据中心、工业人工智能引擎微服务等功能，实现地下、井筒和管网一体化架构（图2-4-9）；然后按照相国寺储气库信息化建设模式持续推广应用到黄草峡、铜锣峡、牟家坪—老翁场等"十四五"持续建设的储气库。

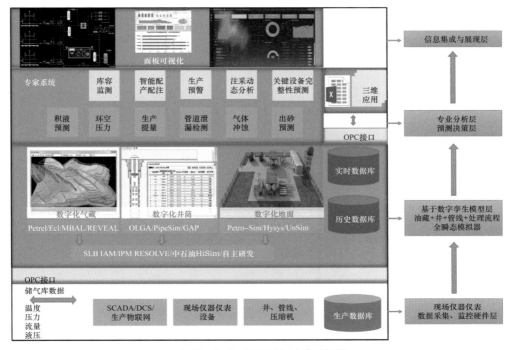

● 图 2-4-9　智能储气库应用架构

4）智能工厂建设

结合净化厂、化工厂、轻烃厂各类工厂信息化现状，从"自动化、数字化、模型化、可视化、集成化、智能化"6 个方向开展智能工厂试点，并基于试点成果全面推广实施西南油气田智能工厂建设（图 2-4-10）。

构建数字工厂：利用地面工程数字化移交平台，实现净化厂设计、施工、竣工等环节的全数字化移交；依托生产物联网建设完成智能仪表、智能视频、巡检机器人、腐蚀监测系统数据互联，实现工厂基础数据全采集，建成工厂全面感知能力。

探索智能工厂：搭建天然气工厂智能数据分析及辅助决策平台，建成工厂重要设备模型和生产工艺全流程模型；依托天然气研究院建成溶剂、气质组分分析模型，打造天然气处理技术远程支持中心，实现工厂工况调整远程技术支持；搭建天然气净炼化工厂完整性管理平台，试点打造智能工厂生产管控一体化智能工作流。

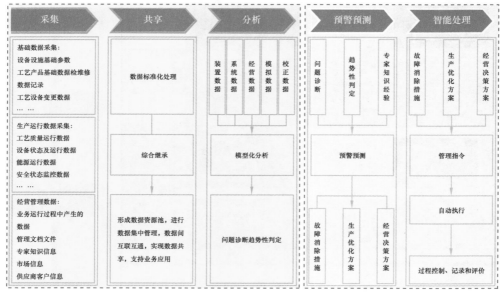

● 图 2-4-10　智能工厂建设方案

5）智能管道建设

利用地面工程数字化移交平台，实现管道工程项目设计、施工、竣工等环节的全数字化移交；利用智能仪表、智能视频、智能阴保桩、远程腐蚀监测、微泄漏监测、无人机巡检、振动光纤预警等信息化技术，打造管道全面感知能力，实现管道运行本质安全可控；通过站场自控系统和管网 SCADA 调控中心的升级改造，结合管网在线模拟仿真，实现管道智能调度控制；通过建设管道管理平台，集成管道全生命周期数据，将控制系统与信息系统数据融合，管理体系与知识网络融合，实现管道全生命周期完整性管理（图 2-4-11）。

6）高含硫智能气田建设

高含硫智能气田建设借鉴龙王庙智能气田建设方案和经验，充分利用龙王庙智能气田成果，实现快速、高效建成。

5. 基础设施建设方案

以打造智能油气田全面感知、自动操控、智能预测、持续优化的能力特征为目标，一是要建成"资源"集中共享的云计算中心及机房，重点完成云计算平台、高

管道全数字化移交

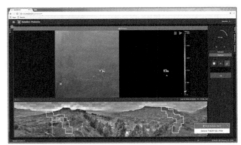

管道泄漏监测

管网在线仿真

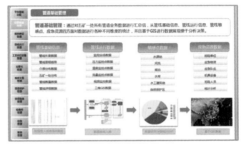

管道全生命周期管理

● 图 2-4-11　智能管道应用架构

性能计算、大数据平台、一体化模型基础环境等技术保障体系；二是要建成"通道"高速泛在网络通信架构，重点是要构建生产、办公、无线、视频、防恐等几大专网；三是要建成"生产"全面感知的油气生产物联网，按照智能物联网建设标准，深化油气生产物联网系统应用；四是要建成覆盖油气田全业务领域关键信息基础设施的网络安全保障体系，打造全天候全方位网络安全态势感知及防御能力，保障天然气产运销各环节关键信息基础设施安全受控。

1）云计算中心及机房建设方案

"十四五"期间，西南油气田需要持续对现有云计算平台及计算资源进行扩容升级，同时开展人工智能、大数据分析、高性能计算等计算资源建设，全面支撑西南油气田区域湖、数字化、智能化的创新应用（图 2-4-12）。

将现有云平台的升级扩容，提升计算及存储资源，满足业务应用和区域湖数据管理等需求；将现有计算资源的扩容，并行文件系统节点扩容，保障地震处理解释、智能化场景等应用需求；进行大数据处理计算资源建设，满足油气勘探开发生产过程和日常经营办公类产生的海量数据的综合分析处理。

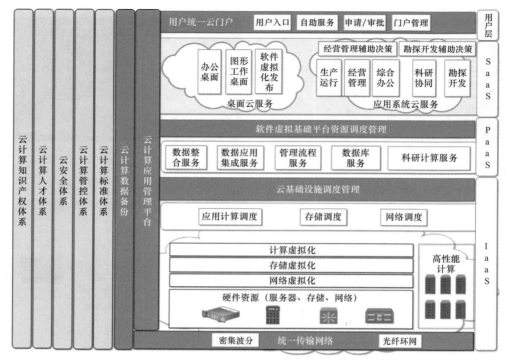

● 图 2-4-12　西南油气田云计算资源总体架构

2）网络通信建设方案

将传统基础网络转型为驱动创造的业务网络，基于联接＋云边协同能力，建设更大带宽、更广连接、更低时延和更好控制的网络体系，构建全面感知的油气生产"万物智联"智简网络，激发油气田产运储销各类应用创新，全面支撑智能油气田（图 2-4-13）。

（1）完善并升级骨干光通信网络。

推进超高速、大容量光通信网络技术应用，完善并升级骨干光通信网络，提升高速传送、灵活调度和智能适配能力，实现西南油气田所有生产办公场所光网覆盖，提供 80GB 交叉环网能力，作业区（分厂）和重要气田以上实现交叉环网能力，达到至二级单位 10000MB 接入，至三级单位和站场 1000MB接入（表 2-4-3）。优化网络结构布局，构建支撑物联网业务发展的新型智能网络。

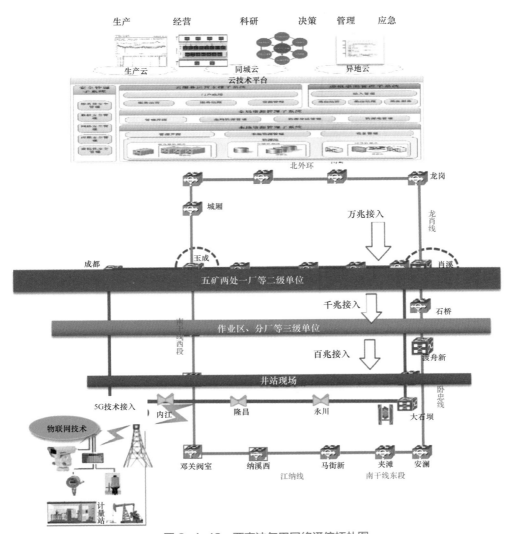

● 图2-4-13　西南油气田网络通信拓扑图

高速智能光环网建设：利用已建的光通信系统、作业区成环补网建设光缆和兰成渝租用光纤打造智能光环网，实现西南油气田网络高速智能。

网络云化建设：利用 SDN 和 AI 技术，实现西南油气田网络的全面云化，达到网络智能分配和管理。

视频专网建设：利用同缆在传输层面划分不同波道和时隙，以及利用设备不同端口，给视频业务组建专用网络，保障不同业务网络带宽和安全。

表 2-4-3　西南油气田高速网络能力主要指标

类别	序号	网络	预期（主干）	预期（备用）
带宽能力	1	至二级单位	10000MB	300MB
	2	成都至华阳	10000MB	1000MB
	3	至三级单位	1000MB	50～100MB
	4	至场站	1000MB	20～50MB
	5	数据中心	40GB	20GB
畅通率	1	至二级、三级单位	99.99%	
	2	至站场	99.9%	

"十四五"期间，西南油气田要构建办公网、生产网、视频专网 3 张网络。其中，办公网主要承载办公所需的各类信息系统，包括互联网和视频会议系统；生产网主要承载生产类各类信息系统，生产数据、站控和远程操控等；视频专网主要承载高清视频监控，包括生产视频和安保防控视频。3 张网按照中国石油信息安全要求需要完全物理隔离，且视频网因带宽需求较大，不能和生产网共用。3 张网络的带宽和时延抖动测算见表 2-4-4，表 2-4-5。

表 2-4-4　西南油气田 3 张网带宽测算表

传输网络	网络带宽测算明细
办公网	（1）五矿两处一厂，7 个二级单位，每个二级单位分别办公网应用 300MB，互联网应用 400MB，通信语音应用 100MB，合计 800MB×7=5.6GB； （2）五矿两处一厂下属 55 个作业区，每个三级单位办公网应用 150MB，互联网应用 200MB，通信语音应用 50MB，合计 400MB×55=22GB； （3）进入干线的中心站场预估 100 个点位，每个中心站场办公网应用 40MB，互联网应用 30MB，通信语音应用 10MB，合计 80MB×100=8GB； 合计 35.6GB
生产网	（1）五矿两处一厂，7 个二级单位，每个二级单位分别生产网应用 200MB，合计 200MB×7=1.4GB； （2）五矿两处一厂下属 55 个作业区，每个三级单位生产网应用 100MB，合计 100MB×55=5.5GB； （3）进入干线的中心站场预估 100 个点位，每个中心站场生产网应用 50MB，合计 50MB×100=5GB； 合计 11.9GB

续表

传输网络	网络带宽测算明细
视频专网	（1）西南油气田 3000 余个视频监控点位，每路为高清视频带宽为 8MB，带宽容量为 3000×8MB=24GB； （2）安保防恐视频点位 2500 余个，每路为高清视频带宽为 8MB，带宽容量为 2000×8MB=20GB； 合计 44GB
合计	上述 3 张网络需求骨干带宽容量为 91.5GB，预估 15% 保护带宽，合计预估骨干带宽容量 105GB

表 2-4-5　网络延时和抖动测算表

业务名称	延时	丢包率	保护方式	建议等级
远程操控及 AR/VR	＜1ms	无丢包	多路由	SLA
视频会议	＜30ms	1%	多路由	SLA
生产数据上传	＜50ms	1%	多路由	SLA
语音交换	＜150～400ms	2%	重路由计算	SLC
办公网信息业务	＜400ms	3%	重路由计算	SLC
高清生产视频监控	＜100ms	3%	重路由计算	SLC

（2）无线传输网络建设。

适时引进 5G 技术并推广，在重要生产场站实现 5G 覆盖并接入主干网，实现上传带宽 4MB 以上，生产站场高清视频实时回传（表 2-4-6）。

卫星系统升级改造，实现 150 个中心站的接入，带宽能力达到 KU 波段上行 3MB、下行 6MB，KA 波段上行 6MB、下行 40MB。

表 2-4-6　生产场站无线网络能力主要指标

序号	指标名称	预期（主干）	预期（备用）
1	带宽	100～300MB	4～50MB
2	覆盖率	100%	100%
3	畅通率	99.9%	99.9%

3）物联网建设方案

构建"万物互联"的油气生产智能物联网，按照智能物联网建设标准，完善生产网监控应用，探索边缘计算应用，深化提升完善场站物联网系统功能，同时快速推进净化厂、储气库、管道等领域物联网建设。

（1）重点开展气田水系统与油气储运物联网建设，将物联网建设范围向净化厂、管道、储气库等业务进行全面延伸，实现西南油气田全业务范围的全面感知，并开展物联网系统应用开发。

（2）建立完善生产调度与运行在线监控工作标准，开展生产工况在线识别判别专业功能开发，实现智能变送器远程诊断调校，控制与通信、电气等设备状态远程诊断、视频数据智能解析等，提高监测维护工作效率。

（3）通过智能RTU的研发或应用，实现本地边缘计算和AI分析，更好地满足西南油气田"井站无人值守"要求。

4）网络安全建设方案

形成网络安全标准化的管理体系、规范化的防护流程、系统化的建设模式，有效支撑各项安全防护措施的快速落地，全面满足国家、集团层面的网络安全合规性管理要求；同时逐步完善智能油气田网络安全防护建设总体框架，实现网络安全科学分域、合理分层的目标（图2-4-14）。

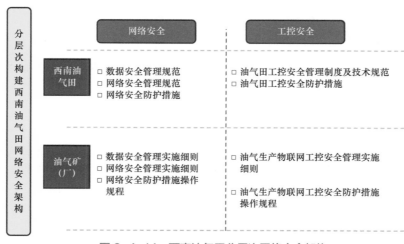

● 图2-4-14 西南油气田分层次网络安全架构

按照 GB/T 25070—2019《信息安全技术网络安全等级保护安全设计技术要求》中第三级系统安全保护环境设计内容，构建满足 GB/T 37988—2019《信息安全技术数据安全能力成熟度模型》中第 3 等级（充分定义）数据安全能力成熟度的西南区域湖安全保护。

按照 GB/T 25070—2019 中第三级系统安全保护环境设计，强化主要生产区域和重点生产场站油气生产物联网工控安全的主动防御能力。

"十四五"期间，要建立大数据服务安全能力，并持续完善网络与工控安全防护措施，构筑立体纵深、动态感知、协同防御、全域控制的智能油气田网络安全防护体系，全面增强气田业务智能应用、安全运行（图 2-4-15；表 2-4-7）。

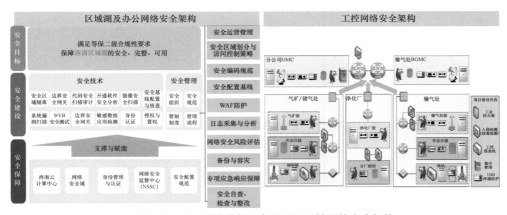

● 图 2-4-15 西南油气田办公网及工控网络安全架构

表 2-4-7 西南油气田"十四五"网络安全建设内容

序号	任务	工作内容
1	数据安全	数据安全服务能力；基于全生命周期的数据安全过程域防护体系；区域湖数据安全保护
2	工控安全	安全态势感知平台，站控系统安全完善加固
3	系统安全	建设网络安全协同应急保障中心、攻防演练平台、安全技术试验与测评中心、威胁情报大数据分析共享中心

构建覆盖数据采集、传输、存储、处理、交换、销毁全过程生命周期的管理制度和技术防控措施；建立针对大数据的应用开发、外设组件、访问控制、服务活

动、应急响应等环节的安全服务能力；依托集团统建工控信息安全项目开展深化应用及配套建设，完成对主要生产区域及其生产场站安全加固及防护措施的全覆盖；依托集团统建内网安全防护项目开展深化应用及配套项目建设，完善提升油气田内网安全防护体系；建设集团级西南区域网络安全协同应急保障中心。

6. 全业务链一体化协同建设方案

全业务链一体化协同包括勘探开发工程技术一体化协同研究、天然气生产过程一体化协同管控和天然气产运储销一体化协同运营 3 个一体化工作环境，以"数据＋智能工作流"为核心，统筹勘探、开发、管道、销售多专业多领域要素循环，支撑西南油气田创建"天然气＋科技＋绿色＋产业＋市场＋品牌"创效模式，创立能源行业两化融合标杆。

1）勘探开发工程技术一体化协同研究

以气藏—井筒—地面油气资产为核心对象，建立科研生产互动的协同研究平台，实现多学科多专业联合攻关研究，打造"管理＋科研＋生产"新模式，加速勘探突破和产能建设。研究平台集矿权储量、勘探规划部署、井位部署、开发方案、产能建设、地面建设业务于一体，通过整合各类专业数据，集成主流专业软件，共建一体化研究模型，定制协同研究流程，打造覆盖勘探开发工程技术全领域的协同研究环境，从而实现数字化向智能化的实质性转变，常规业务流到智能工作流的升级，构建跨专业、跨业务、跨地域、线上一体的研究与生产高效互动模式。

数据整合与深化应用：利用天然气业务链区域数据湖，治理并完善天然气勘探、开发、工程等专业数据，全面整合勘探开发数据资产并深化应用，实现勘探开发工程技术数据的统一管理和全面共享。

搭建一体化协同研究环境：围绕数字盆地、数字气藏建设，实现勘探开发、地质工程、地下地上等一体化协同研究项目全面覆盖，实现软硬件共享、数据共享、成果共享，促进精准勘探、高效开发、精益生产。

构建一体化协同管理模式：逐步引入智能工作流技术，打通各环节业务管理流程，同时建立智能设计、方案智能推荐、经济效益优化分析等典型智能应用，进一步提升勘探开发、地质工程、地下地上等研究与管理环节的智能协同，提高勘探开发智能决策支持能力。

2）天然气生产过程一体化协同管控

以天然气开采、集输、净化、管网输配为主线，建立覆盖天然气生产过程的数字孪生，实现生产状态全面感知，生产操作联动协调，生产过程安全效益，打造"现场自动生产＋远程技术支撑＋集中决策指挥"的油气生产过程一体化管控新模式。

建立监控、警报、诊断、预测、优化功能于一体的天然气生产智能监控工作流，监测气藏递减规律或水驱过程，降低气井人工干预，重点关注影响生产损失的因素，提高团队生产力和流程效率，实现"单井—集气（增压）站—净化厂—长输管道—分输（配气）站—用户门站"全业务链生产运行的分级实时智能管控，实现井、站、厂、设备生产全过程、全要素的智能联动与实时优化，提升生产全过程的实时智能管控能力。

生产现场智能应用：基于油气生产物联网建设成果，利用工业机器人、无人机、智能视频分析、AR协作、虚拟计量、专家系统等技术，实现生产过程远程协作，高危作业由机器人替代，安全风险受控。

生产过程智能优化：利用数字孪生、物联网、大数据分析、云计算等技术，搭建气田生产过程闭环管理最优控制模型，建立排水采气智能优化、管线积液智能预测、生产KPI指标自动计算、天然气产量智能预测、设备故障智能诊断、生产过程智能优化等智能化应用场景，构建生产管控智能高效管理模式，实现气田精益生产和全生命周期价值最大化。

3）天然气产运储销一体化协同运营

以气田—管网—储气库—市场—客户为核心对象，以企业价值提升为目标，挖掘天然气用气规律，洞悉市场变化，智能联动紧急措施，实现集生产安排、检维修计划、市场开发、天然气销售于一体的产运储销全局优化新模式，提高天然气资源最优配置效率与提质增效水平。

以市场为导向，以西南油气田天然气业务链效益最大化为目标，通过构建宏观环境研判、市场需求预测、价格承压分析、销售结构优化、价格方案设计等天然气业务链产运储销一体化优化模型，对天然气及石化产品销售计划完成情况、天然气终端购销计划完成情况、天然气产运储销平衡情况进行综合、分类分析，并根据各种情景设置不同约束条件，优选天然气目标市场，优化资源供应方案、天然气流向、规划管道建设时序等，实现对天然气需求量、燃气销售价格等市场化因素的预测能力，实现西南油气田天然气产运储销全业务过程的价值链分析和实时效益评估，为西南油气田天然气业务链优化营运提供决策支持。

数据整合与深化应用：完善天然气产运储销业务数据范围，持续开展生产运行、营销、储气库等相关业务数据的深化应用，推进营销系统与管理系统、生产系统、储气库系统之间的数据集成共享，提升数据的可视化程度，优化数据利用方式，实现全业务链数据融通。

建立营销 APP 应用：建立营销系统应用 APP，实现营销系统数据查询、采集，业务流程审批，合同签订，客户管理等功能的移动化；借助互联网平台拓展销售渠道，建立"互联网 + 天然气"的业务模式，整合行业资源，掌握交易信息，发展在线交易，提升市场份额。

7. 决策指挥中心建设方案

建设多层级的天然气全业务链生产指挥决策中心，提升"智能化、可视化、一体化"生产决策能力，实现专家实时优化、现场智能管控、指挥精准科学。

1）天然气业务链生产指挥决策中心

建成"大数据看板 + 智能调度 + 应急指挥"的生产指挥决策一体化平台，建立天然气业务链"中枢大脑"（图2-4-16）。

2）重点领域远程技术支持

形成以西南油气田业务部门、研究院所、现场监督为核心的"三级协作"模式，实现远程监督、远程支持、远程决策，全面提升勘探开发、生产运行、工程技术等业务的管理水平和技术支持与协同指挥能力（图2-4-17）。

● 图 2-4-16　天然气业务链生产指挥决策中心示意图

● 图 2-4-17　远程技术支持中心（RTOC）示意图

第三章
数字化转型成效

西南油气田积极推进梦想云配套实施方案的落地，以梦想云为依托，建设了勘探生产管理平台和开发生产管理平台并投用，在常规气田（龙王庙）和非常规气田（页岩气）开展了智能气田示范工程和智能管道示范工程建设与应用，在科研单位建立协同研究工作环境并开展了井位部署论证等应用。梦想云在西南油气田已取得系列建设成果，见到显著应用成效，助推西南油气田在 2020 年底全面建成数字油气田，如期实现第一阶段目标，有力推进了"油公司"模式下的数字化转型，为智能化发展奠定了良好的基础。

第一节　勘探生产管理平台建设与应用

西南油气田勘探生产管理平台是数字油气田重要业务应用平台之一。西南油气田依托梦想云，按照平台化建设理念和集成化思路，通过数据整合和业务应用集成，实现了勘探生产管理业务全流程化管理及综合集成应用，满足了跨专业、跨公司、跨部门的协同化工作的需求，显著提升了勘探生产的管理水平和工作效率。

一　勘探业务信息化现状与需求

油气田勘探是石油天然气工业的基础，是知识和技术密集的领域，也是信息化与工业化融合、实现企业数字化转型的重要领域。

四川盆地是典型的叠合盆地，勘探开发层系多，资源分布地域广，待发现资源量大，具有天然气资源丰富但勘探开发技术难度大的特点。随着勘探领域不断扩展，勘探对象越来越复杂，勘探难度不断加大，勘探研究和决策过程中的数据信息收集、处理以及有效利用的难度也越来越大。

面对勘探业务流程复杂、关联学科领域多样、生产施工单位众多、数据信息体量大且类型复杂、数据源管理分散等情况，迫切需要建立一套跨专业、跨部门的一体化业务协同工作平台，实现矿权管理、储量管理、物探生产管理、探井生产管理、勘探规划计划管理、勘探项目管理等业务的集成化信息共享、流程化业务链接和一体化工作协同（图 3-1-1），支撑勘探生产管理现有工作模式与管理业务的转型升级。

近 20 年来，在中国石油和西南油气田的规划和部署下，勘探业务信息化持续取得进展，已建成与勘探业务相关的 10 多个统建和自建信息系统，基本完成了勘探数据建设，并支持部分勘探生产管理业务（主要是勘探动态）和勘探研究项目（图 3-1-2）。但各系统相对独立，用户使用不便，而且系统之间存在数据和应用孤岛，未覆盖勘探计划规划、矿权管理、储量、勘探配套项目等业务，没有网上协同办公功能，难以支撑勘探生产管理一体化协同工作及应用需求。

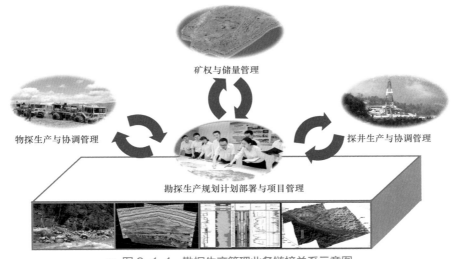

● 图 3-1-1 勘探生产管理业务链接关系示意图

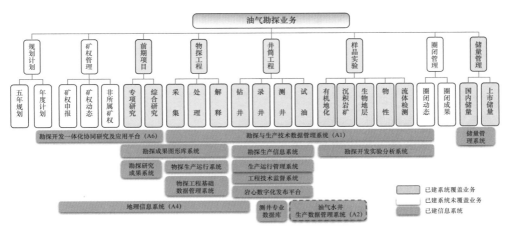

● 图 3-1-2 西南油气田勘探生产管理业务和相关已建信息系统

　　为此，需要基于勘探开发梦想云统一技术平台，整合业务数据，集成现有系统应用，通过基础环境搭建、系统和数据集成及开发新的业务应用功能，建设西南油气田勘探生产管理平台，实现勘探业务的"云"上管理，满足勘探生产管理业务跨专业、跨部门、跨地域的一体化、协同化办公需求，及时掌握勘探生产动态、发现勘探生产过程中的问题、协调勘探生产资源、快速制定和实施生产调整优化决策，提升勘探生产管理的效率和水平（图 3-1-3）。

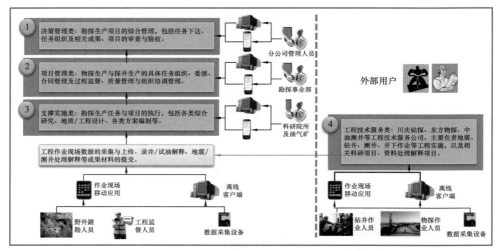

● 图 3-1-3　勘探生产管理平台应用场景

2019 年 6 月，西南油气田与北京中油瑞飞信息技术有限责任公司（现为昆仑数智科技有限责任公司）组成勘探生产管理平台建设工程联合项目组，经过一年半卓有成效的工作，至 2020 年 12 月，一套功能完备、适用、科学规范的西南油气田勘探生产管理平台已基本建成。

二　建设目标和范围

1. 总体建设目标

通过勘探生产管理平台建设，实现勘探核心业务的全过程线上管理和综合应用，为西南油气田勘探生产管理提供"业务管理流程化、协同工作平台化、成果共享网络化、桌面移动多元化"的新型工作模式，实现勘探生产管理业务"数据共享完整统一、管理科研一体协同、生产指挥实时高效"的目标，实现西南油气田勘探生产数字化管理。

2. 具体建设目标

遵循平台化建设思想，围绕勘探生产管理一体化工作协同及综合应用需求，针对勘探规划计划、探井生产、物探生产、矿权、储量和勘探综合研究管理业务，通过集成现有系统功能、整合相关专业数据、定制业务管理流程、开发业务应用功能，支撑综合决策管理、项目执行管理、生产过程管理、科研设计、综合查询与展示各类用户角色的业务应用，支撑管理者与执行者、科研与生产、现场与后方、甲方与乙方一体化协同工作，全面提升西南油气田勘探业务管理效率和水平。

3. 建设范围

1）业务范围

以西南油气田勘探生产管理的业务内容和过程管理为主线，涉及勘探规划计划管理、探井生产管理、物探生产管理、矿权管理、储量管理和勘探综合研究管理 6 类业务共 15 个业务流程及相关应用。

2）用户范围

勘探生产管理平台用户范围包括勘探业务涉及的职能处室、直属机构、所属单位和外委单位，详见表 3-1-1。

表 3-1-1　勘探生产管理平台用户范围

机构类型	用户
职能处室	油气资源处、规划计划处、工程技术处、基建工程处、质量安全环保处
直属机构	工程项目造价中心、气田开发管理部、页岩气勘探开发部
所属单位	勘探事业部、勘探开发研究院、工程技术研究院、页岩气研究院、川中油气矿、重庆气矿、蜀南气矿、川西北气矿、川东北气矿、川中北部采气管理处、川东北作业分公司等
外委单位	川庆钻探工程有限公司、东方物探西南分公司、中油测井西南分公司等服务单位

三　技术方案

1. 设计思路

勘探生产管理平台按照"平台化设计、流程化组装、协同化应用"的思路进行平台设计与开发，满足勘探生产一体化协同应用需求。

1）平台化设计

在梦想云统一技术平台的基础上，整合勘探生产现有数据，集成勘探生产现有系统，在整合集成的基础上进行平台应用功能的开发。

2）流程化组装

基于勘探生产管理实际业务流程，串接流程流转功能与业务应用功能，满足勘探生产业务流程化管理应用需求。

3）协同化应用

勘探生产管理相关的不同层级、不同岗位、不同地域的用户在同一个平台上实现相互协作与高效工作。

2. 设计原则

勘探生产管理平台遵循以下设计原则。

1）业务主导

以勘探生产管理业务需求为主导，搭建覆盖油气田勘探全过程的管理平台，实现矿权、储量、勘探规划计划、探井生产、物探生产、勘探综合研究的业务管理需求，满足跨专业、跨部门的业务协同。

2）集成融合

充分利用已有统建和自建系统的建设成果，通过数据集成、功能集成、服务集成和应用功能开发实现勘探生产管理平台的业务应用。

3）标准规范

建立统一的业务、数据、应用和服务标准、规范，为勘探生产管理平台的持续建设和运维提供指南。

4）成熟可靠

采用先进成熟的软件和硬件技术构建平台，确保平台稳定可靠运行。

3. 总体架构设计

勘探生产管理平台总体架构由数据源层、数据管理层、技术平台层和业务应用层构成（图3-1-4）。

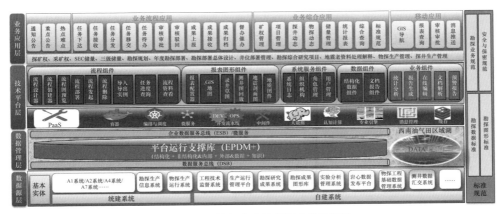

图 3-1-4　勘探生产管理平台总体架构

1）数据源层

按勘探生产业务应用要求的数据范围汇集统建系统和自建系统的数据，包括 A1 系统、A2 系统、A4 系统、勘探生产信息系统、物探生产运行系统、工程技术监督系统、勘探研究成果系统、勘探成果图形库系统、储量管理系统、生产运行管理平台、物探工程基础数据管理系统、测井专业数据库等。

2）数据管理层

构建平台运行支撑库，基于中国石油勘探开发数据模型（EPDM 2.0）进行扩充，用于存储主数据、流程中产生的过程和成果数据、动态数据、实时数据和成果数据，为平台应用提供统一的数据服务，涵盖西南油气田勘探生产所需的结构化和非结构化数据，包括物探、钻井、录井、测井、试井、地质油藏、矿权储量、规划计划等勘探数据；将元数据管理、主数据服务、数据集服务、数据展示通过平台提供统一的服务接口；将数据转换成业务应用可以接受的数据格式，同时将业务应用处理的成果数据转换为通用的数据格式，使用户在使用平台和专业软件时有一体化的使用体验，提高用户的工作效率。

3）技术平台层

依托统一的、标准的、开放的、可扩展的勘探开发梦想云平台，依托底层的统一云基础设施和数据集成，构建企业资源服务目录，支撑勘探开发生产管理和协同研究业务。

4）业务应用层

主要负责数据的展示和与用户的交互，提供对系统门户的管理、用户需要的各类可视化数据展示和分析技术。

4. 采用的梦想云技术

西南油气田勘探生产管理平台是完全基于勘探开发梦想云平台开发的，其整个平台的开发环境、测试环境、生产运行环境均部署在梦想云平台上，采用的梦想云技术有：

1）平台框架

基于梦想云的整体框架，采用 Devops 开发流水线实现开发、测试和运维。

2）容器技术

将应用打包到一个可移植的容器中，然后发布到服务器上，也可以虚拟化，实现资源的弹性伸缩。

3）微服务技术

基于梦想云微服务组件部署应用和服务。

4）流程设计技术

基于流程引擎、表单设计器等中间件，提供基于容器云平台的勘探业务管理流程快速设计。

5）场景设计技术

基于界面布局框架、表单设计器、数据可视化等中间件，提供业务场景的快速定制能力。

6）信息系统集成技术

包括统一身份认证、权限集成、消息集成、数据一致性匹配等功能，实现平台上的多系统的各模块间能够进行对接，实现无缝操作。

7）移动端发布技术

基于梦想云移动端原生框架开发，支持苹果和安卓系统的应用。

5.基础环境搭建

1）硬件

勘探生产管理平台硬件系统主要包括主服务器、编译服务器、应用服务器和数据库服务器。

（1）主服务器（Master）：负责管理整个运行服务器集群，同时对硬件资源和服务进行调度分配；

（2）编译服务器（Jenkins）：专门用于对源代码进行编译，在编译的基础上实现平台的自动部署；

（3）应用服务器：主要用于发布前后端应用程序，并通过主服务器进行资源分配；

（4）数据库服务器：存储勘探生产管理平台产生的结构化数据（Oracle 11g）以及非结构化文档数据。

各服务器集中部署在西南油气田区域数据中心，基于虚拟机的方式实现（图3-1-5）。

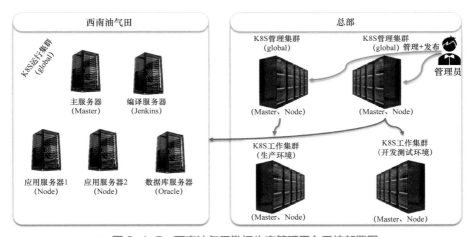

● 图3-1-5　西南油气田勘探生产管理平台系统部署图

2）基础软件

勘探生产管理平台使用的基础软件主要包括：

（1）操作系统：Cent OS Linux 7.4版本以上；

（2）数据库：Oracle 11g 数据库服务器；

（3）容器：Docker+K8S；

（4）应用服务器：IIS7.0 Web 服务器、Apache Tomcat 8.0；

（5）运行时环境：Oracle Java JDK 1.8；

（6）数据库接口：ODBC、JDBC、OLEDB 等。

四 功能开发

1. 平台通用功能开发

平台通用功能负责流程流转过程中的任务管理，具有任务计划下达、接收、资料汇总、成果审核审查审批、成果上报接收及下达与成果归档功能。

2. 平台应用功能开发

根据平台功能设计，共计实现 13 个一级功能模块、55 个二级功能模块、103 个三级功能模块的开发和部署（表 3-1-2）。

表 3-1-2　勘探生产管理平台功能模块汇总表

序号	一级模块	二级模块	三级模块
1	登录界面	用户登录与认证	用户登录与认证
2		申请账号	用户申请账号
3	首页	勘探周报	勘探周报
4		探井动态	钻前
5			钻井
6			试油
7		物探动态	勘探地震
8			开发地震
9		年度勘探部署图	年度勘探部署图
10		待办通知	待办通知

续表

序号	一级模块	二级模块	三级模块
11	规划计划	勘探规划	勘探规划
12		勘探年度部署	勘探年度部署
13		勘探部署总体设计	勘探部署总体设计
14	探井动态	探井运行动态	探井工程月度计划
15			探井工程流程动态
16			钻前工程运行动态
17			钻试工程运行动态
18			年度试油成果统计
19		探井日报	钻前日报和日志
20			钻井日报和日志
21			录井日报和日志
22			试油日报和日志
23		探井周报	试油周报
24			井工程工作量完成统计
25		探井年度统计	年度汇总统计
26			钻井主要指标完成情况
27			常规井开完钻统计
28			常规井年进尺统计
29			进尺明细
30			钻试工作量汇总
31			钻试工作量完成情况
32		勘探周月年报	勘探周报
33			勘探月报
34			勘探年报

续表

序号	一级模块	二级模块	三级模块
35	物探动态	地震采集施工动态	地震采集施工动态
36		地震处理解释动态	地震处理解释动态
37		物探周月年报	物探周月年报
38	矿权储量	探矿权	有效矿权
39			历史矿权
40		采矿权	有效矿权
41			历史矿权
42		探明储量	天然气探明储量分气矿明细
43			天然气探明储量分气田明细
44			天然气探明储量分层系明细
45			石油探明储量分油田明细
46			石油探明储量分层系明细
47		SEC 储量	气田级证实储量
48			评估单元级天然气及溶解气
49			评估单元级原油凝析油羟烃
50	综合应用	综合查询	综合查询
51		井施工项目资料	井基本信息
52			项目文档
53		井技术数据	井技术数据
54		测井数据体	测井数据体
55		实验分析报告	实验分析报告
56		岩心图像应用	岩心图像应用
57		井产量数据	日产量数据
58			月产量数据

续表

序号	一级模块	二级模块	三级模块
59	综合应用	物探项目资料	常规地震
60			井中地震（VSP）
61			非地震物化探
62			微地震监测
63		物探技术数据	采集
64			处理
65			解释
66			微地震
67			VSP 项目
68		勘探研究成果	勘探综合研究项目
69			勘探研究成果展示
70			勘探图形库
71			综合研究报告
72	GIS 应用	井定位	按照井名定位
73		坐标定位	按照坐标定位
74		底图切换	底图切换
75		图层控制	图层控制
76		目标井和邻井查询	目标井和邻井查询
77	业务流程	发起流程	发起流程
78		待办流程	待办流程
79		待阅事项	待阅事项
80		已办流程	已办流程
81		流程动态	矿权储量
82			规划计划
83			物探管理
84			探井管理
85			其他

序号	一级模块	二级模块	三级模块
86	标准规范	国家标准	国家标准
87		行业标准	行业标准
88		企业标准	企业标准
89	服务中心	帮助文件下载	帮助文件下载
90		用户意见及反馈	用户意见及反馈
91	系统管理	用户管理	用户管理
92		角色管理	角色管理
93		角色分配	角色分配
94		权限分配	权限分配
95		菜单管理	菜单管理
96	移动应用	勘探周报	勘探周报
97		探井动态	钻前
98			钻井
99			试油
100		物探动态	勘探地震
101			开发地震
102		流程审批	流程审批
103		流程历史记录查看	流程历史记录查看

3. 平台集成的系统

按照平台化思想，根据勘探生产管理业务对数据和功能的需求，在对现有系统充分评估论证的基础上，采用数据集成、功能集成和服务集成的方式，实现对13个已建在用系统的集成，详见表3-1-3。

表 3-1-3　勘探生产管理平台系统集成汇总表

序号	系统名称	集成内容	集成方式
1	勘探与生产技术数据管理系统（A1）	地震、钻井、录井、测井、井下作业、测试、实验分析、综合研究 8 类结构化数据；地震数据体、测井数据体、单井报告、综合研究报告等非结构化数据	功能集成 数据集成
2	油气水井生产数据管理系统（A2）	单井产量日报、月报数据及图件。	数据集成
3	中国石油西南油气田地理信息系统（A4）	GIS 地图底图服务，业务空间数据（井、地震测线、工区）	服务集成
4	中国石油勘探生产信息系统	探井 33 张报表，包括日报、月报和年报	数据集成
5	中国石油物探生产运行系统	物探项目生产运行动态、物探报表管理	功能集成 数据集成
6	西南油气田生产运行管理平台	探井（致密油气井）基本信息，钻前、钻井、试油报表（日报、周报和年报）	数据集成
7	西南油气田工程技术与监督管理系统	探井（致密油气井）井场实时视频图像	功能集成 数据集成
8	西南油气田物探工程基础数据管理系统	基础数据、表层库、速度库、SPS 数据、SIS 地震处理数据、过井地震剖面展示	功能集成
9	西南油气田测井数据汇交系统	测井项目、测井数据体（含固井）、井斜、测井解释成果表、测井蓝图等	功能集成
10	西南油气田勘探开发实验分析管理系统	样品实验分析报告	数据集成
11	西南油气田勘探研究成果系统	R5000、Petrel、GeoEast 项目库成果展示，包括各种地震二维／三维、剖面及切面、地震解释成果、地质图件、井基本信息、测井数据等	功能集成
12	西南油气田勘探成果图形库系统	GeoMap 成果展示，包括地质、地质单元、各种剖面图、构造平面图等	功能集成
13	西南油气田岩心数字化网络发布平台及应用系统	岩心图片、岩心报告	功能集成

五 应用成效

　　勘探生产管理平台经过需要调研、详细设计、功能开发、运行环境搭建、系统测试、用户培训和上线试运行，于 2020 年 12 月正式上线运行。至 2021 年 2 月，平台对油气资源处、勘探事业部、勘探开发研究院、各油气矿及川庆钻探、东方物探等 23 个单位的 700 多人进行授权使用，勘探生产管理各项业务陆续在平台上运行，应用成效初显。

　　勘探生产管理平台已成为西南油气田勘探业务管理流程化协同工作和勘探生产信息集成展示与应用的平台，是西南油气田勘探生产管理人员及工程项目管理人员、研究人员业务管理、协同工作、信息共享的共同平台。通过 PC 终端和移动终端可及时审核审批勘探业务、了解勘探生产动态、查询勘探成果资料，提高了勘探生产管理的效率和水平，实现了勘探业务管理数字化和信息共享，达到了勘探生产管理业务"数据共享完整统一、管理科研一体协同、生产指挥实时高效"的建设目标（图 3-1-6）。

图 3-1-6　勘探生产管理平台首页

　　勘探生产管理平台是西南油气田数字油气田的核心系统之一，在中国石油各油气田中是第一个基于中国石油梦想云建成的集勘探业务管理流程化办公与勘探生产信息管理于一体的信息平台，是西南油气田在企业信息化、数字化领域取得的重要成果。

1. 勘探业务管理流程化协同工作平台

　　勘探生产管理平台提供探矿权登记、采矿权登记、SEC 储量、三级储量、勘探规划、年度勘探部署、勘探部署总体设计（计划上报）、勘探部署总体设计（分批次计划下达）、井位部署、井筒工程（钻前及钻井工程）、井筒工程（试油及交井）、地震老资料处理解释、物探生产（采集施工）、物探生产（处理解释）、勘探综合研究共 15 个勘探管理核心业务流程以及 1 个临时任务流程（图 3-1-7），各业务节点具有任务下发、领取、分发、移交、办理、汇总、提交、逐级审核审批功能，可在移动端快速审核审批，支撑勘探生产管理核心业务的线上流程化协同工作（图 3-1-8，图 3-1-9，图 3-1-10，图 3-1-11）。

2. 勘探生产信息集成展示与应用平台

　　勘探生产管理平台具有勘探生产信息及研究成果展示、统计分析和综合查询功能，覆盖勘探生产各业务，包括规划计划、探井动态、物探动态、矿权、储量和综合应用（井筒、物探和地质综合研究成果），为勘探管理和决策指挥提供了先进手段和可靠依据。

　　勘探生产管理平台是西南油气田勘探业务管理流程化协同工作及勘探生产信息集成展示与应用的综合平台，建设过程中始终以业务需求为主导，面向生产、面向用户，确定了切实可行的系统建设目标、任务、技术方案和实施方案，平台的如期建成和投用，对改进西南油气田勘探生产管理方式、提升勘探效率和效益起到重要作用。

　　勘探生产管理平台为自主设计开发，具有自主知识产权，能在较短的时间内设计和发布系统原型，也便于后续持续开发完善和维护。

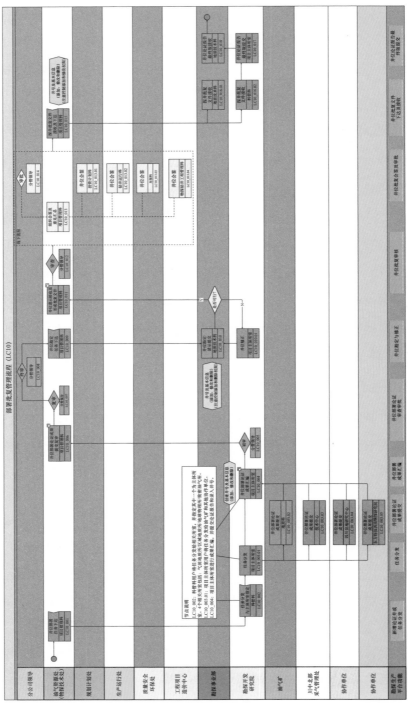

图 3-1-7 探井井位部署管理流程设计

图 3-1-8   勘探业务管理流程发起页面

图 3-1-9   勘探业务管理待办流程查看页面

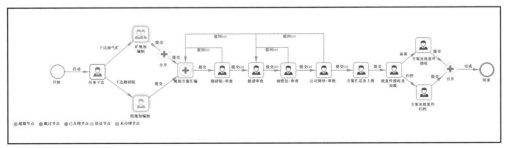

● 图 3-1-10   勘探规划流程跟踪页面

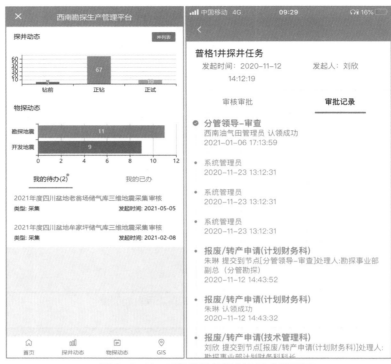

● 图 3-1-11　手机端勘探规划审核审批页面

● 图 3-1-12　勘探年度部署查询

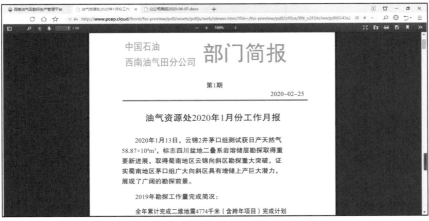

● 图 3-1-13　勘探周报、月报、年报查询展示

● 图 3-1-14　钻井日报

● 图 3-1-15　试油日报

● 图 3-1-16　地震采集施工动态查询

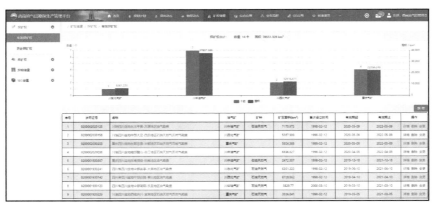

● 图 3-1-17 地震处理解释动态查询

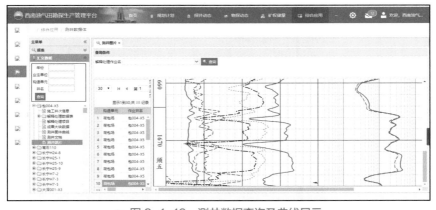

● 图 3-1-18 矿权查询

● 图 3-1-19 测井数据查询及曲线展示

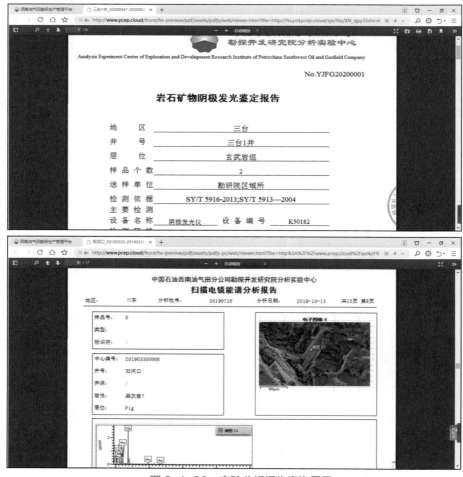

● 图 3-1-20　实验分析报告查询展示

由于平台涉及的业务面广，审核审批环节多，部分应用模块的功能和部分流程的节点设置还需要结合实际应用不断加以完善和优化，同时结合勘探生产管理业务的变化和新需求，持续拓展平台的功能（如分析预测功能、GIS 关联应用功能），以更好地支撑勘探生产管理和勘探决策。

数字勘探是勘探信息化的初级阶段，侧重勘探资料的数字化，使用专业软件进行勘探研究，使用信息系统进行业务管理；智能勘探是勘探信息化的高级阶段，侧重将 IT 技术与业务模型和专家知识相结合，实现一体化、智能化协同研究、生产作业、生产指挥和辅助决策。

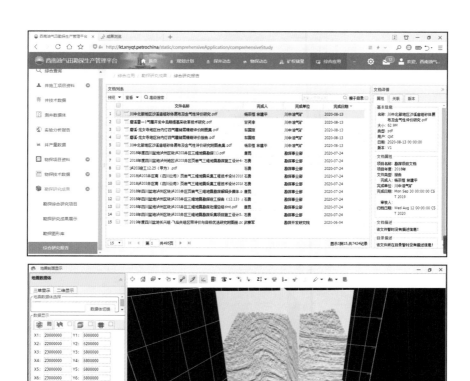

● 图 3-1-21　勘探研究成果查询

● 图 3-1-22　国家标准查询

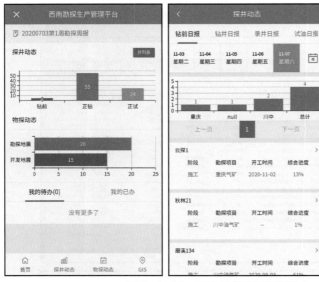

● 图 3-1-23 移动端首页和探井动态、物探动态界面

展望未来，勘探研究、勘探生产和勘探管理的相关数据将全部进入西南区域湖，在梦想云统一平台上一体化开展勘探研究和勘探管理，同时结合西南油气田勘探业务特点开展智能勘探研究和建设，实现由数字勘探迈向智能勘探。

第二节　开发生产管理平台建设与应用

西南油气田经过"十一五""十二五"集中统一信息化建设，完成了一系列的信息系统建设与推广应用，形成了一批勘探开发技术数据标准，促进了勘探与生产数据管理体制机制的建立与健全。虽然信息化工作取得了重要进展，但也存在着许多不足之处，各信息系统独立实施，资源分散，缺乏统一的业务支撑平台，导致各系统开发周期长，系统的灵活性和可扩展性受到制约。开发生产管理平台通过梦想云对现有各系统功能进行快速集成整合；基于统一平台建设思想定制开发生产核心流程，通过业务流程管理快速响应业务的变化；通过统一的用户界面实现多部门、不同层级之间的生产业务管理的协同；实现开发生产业务的信息化管理。

一　开发生产业务信息化现状与需求

1. 开发生产业务信息化现状

西南油气田已有的与开发生产相关的信息系统都以数据管理为核心，与勘探、评价、开发生产业务运行管理结合尚不充分，还不能有效支持各项业务的过程管控和精细化管理，并且还存在数据标准不统一、公共主数据重复和"信息孤岛"等问题，致使数据共享与业务协同困难。

通过开发生产管理平台的建设实现信息化与勘探开发、生产建设、经营管理的深度融合，着力打造业务工作全面协同、数据资源集中共享、决策管理科学高效的统一信息平台，从而推动开发生产业务流程的改造、生产组织的变革和综合管控能力的持续提升，不断提高创新创效能力。

2. 业务管理对信息化的需求

西南油气田开发生产管理业务强烈要求整合现有系统数据资源，建立"实时在线"数据流和数据信息集成应用共享机制，提升海量高价值的数据信息在各部门各专业各岗位实时互通和集成应用效率，实现对气藏全生命周期数据管理、单井全生命周期数据管理及开发生产一体化协同工作有效支撑，加快技术成果转化，促使协同工作、大幅提升气田开发生产管理水平。

1）油气藏全生命周期数据管理

油气藏全生命周期数据管理（图 3-2-1）有助于分析油气藏发展、成长、成熟、衰退的各个阶段，对于油气藏本身的开发调整、二次开发提供完备的研究基础，同时更好地规避油气藏可能发生的风险。

2）单井全生命周期数据管理

单井全生命周期数据管理定义为单井从设计到钻井、投产、生产直至报废的全生命周期的数据管理，包括地质、测井、录井、试油试采、产量、分析化验、生产测试、修井作业、措施增产等不同类型、不同格式、不同粒度的数据进行集中管理，形成油气水井的个人档案，可以随时查阅分析（图3-2-2）。

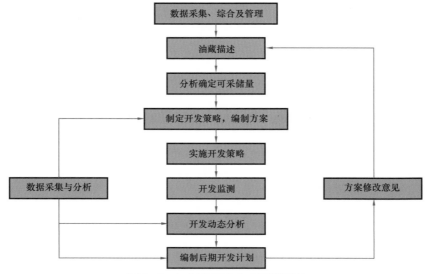

图3-2-1　油气藏全生命周期管理

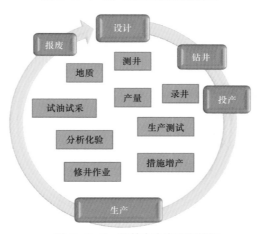

● 图3-2-2　单井全生命周期管理

3）开发生产一体化协同工作

在开发生产业务数据集成共享应用基础上，整合各类开发生产管理业务流程，集成相关专业软硬件环境和信息系统，搭建覆盖油气田开发全过程的管理平台，发挥资源、技术、知识集聚配合效应，形成跨专业、跨部门、跨系统的业务协同平台。通过开发生产管理平台的建设，油气勘探开发业务由流水线生产的被动协作转化为"大人群、多部门、跨地域"的实时协同。

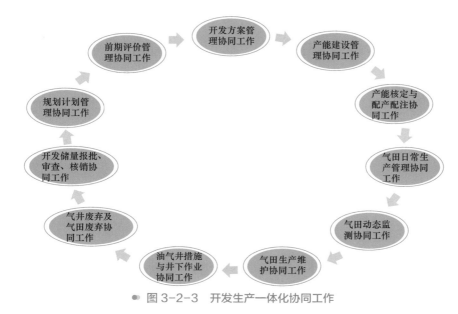

● 图3-2-3　开发生产一体化协同工作

综上所述，西南油气田迫切需要借助信息化技术手段搭建开发生产管理平台，以业务流程管理为基础，实现对现有已建系统的应用集成，通过业务流程管理快速响应业务的变化，集成现有的开发生产应用软件，通过统一的用户界面，实现多部门、不同层级之间的生产业务管理的协同。

二　建设目标和范围

1. 总体建设目标

面向油气田开发生产管理业务，通过数据汇聚及数据共享、专业软件集成应用，实现开发生产业务管理一体化，即业务标准化、标准流程化、流程信息化、信息平台化，支撑现场生产、科学研究、决策管理等工作高效协同，推动管理流程再造，促进生产组织方式转变，全面提升开发生产管理和科学决策水平。

2. 具体建设目标

1）建成满足开发生产业务应用综合管理平台

以开发生产管理业务为驱动，基于数据集成应用，整合开发生产业务，搭建覆盖油气田开发全过程的管理平台。

2）通过流程驱动进行开发生产过程优化

满足规划计划、产能建设、油气藏工程、采油气工艺、油气集输、天然气净化的业务管理需求，实现开发生产全业务闭环管理。

3）实现多专业协同工作

通过数据整合、流程重组、应用支撑实现地质与工程、勘探与开发、科研与生产、管理与经营的综合管理与应用，实现跨专业、跨部门的高效业务协同。

3. 建设范围

1）业务范围

以西南油气田开发生产管理的业务内容和过程管理为主线，涉及年度开发部署管理、开发方案业务管理、开发井产能建设管理、配产与产量管理业务管理、气田动态分析管理、气田监测管理、井下作业管理、集输系统监测与维护管理、净化处理系统监测与维护管理等共9大核心业务流程及相关应用。

2）用户范围

开发生产管理平台用户范围包括开发生产业务涉及的职能处室、直属机构和所属单位，详见表3-2-1。

表3-2-1　开发生产管理平台用户范围

管理层级	涉及组织机构
分公司	信息管理部、气田开发管理部、规划计划处、生产运行处、工程技术处、基建工程处、管道管理部、质量安全环保处
油气矿（处、厂、研究院、事业部）	油气矿：川中油气矿、重庆气矿、蜀南气矿、川西北气矿、川东北气矿
	净化厂：重庆天然气净化总厂、成化总厂
	研究院：勘探开发研究院、天然气研究院、采气工程研究院、安全环保与技术监督研究院

管理层级	涉及组织机构
作业区 （分厂）	各油气矿（处）下辖作业区、净化厂、轻烃厂、重庆天然气净化总厂下辖各分厂
井站、 站场	各作业区下辖采气井站、采油井站、集输气站、增压站、脱水站、气田水回注站、输配气站、终端配气站、CNG站或中心站

三　技术方案

1. 设计思路

开发生产管理平台按照"平台化设计、流程化组装、协同化应用"的思路进行平台设计与开发，满足开发生产一体化协同应用需求。

1）平台化设计

在梦想云统一技术平台的基础上，整合开发生产现有数据，集成开发生产现有系统，在整合集成的基础上进行平台应用功能的开发。

2）流程化组装

基于开发生产管理实际业务流程，串接流程流转功能与业务应用功能，满足开发生产业务流程化管理应用需求。

3）协同化应用

开发生产管理相关的不同层级、不同岗位、不同地域的用户在同一个平台上实现相互协作与高效工作。

2. 设计原则

开发生产管理平台遵循以下设计原则：

1）遵循规划原则

以《西南油气田分公司"十三五"通信与信息化发展规划》和《西南油气田分公司数字气田建设总体规划》为基础，借鉴国内外开发生产与数字油气田建设成功经验进行业务功能及系统架构的概要设计。

2）业务主导原则

以开发生产管理业务需求为出发点，项目过程中始终以开发生产管理部门和生产单位的业务需求为主导，搭建覆盖油气田开发全过程的管理平台，实现集规划计划、产能建设、油气藏工程、采油气工艺、油气集输、天然气净化的业务管理需求，满足跨专业、跨部门的业务协同。

3）集成融合原则

以业务流程分析和优化以及业务应用功能点设计为基础，通过对统建系统及相关自建系统进行数据和应用的集成整合，实现开发生产管理平台相关的业务应用，有效支撑开发生产全业务链的管理。

4）继承共享原则

建立一套统一的业务、数据、应用、服务等标准规范，实现基于标准规范的数据集成服务共享、公共技术服务共享、流程管理服务共享以及专业软件集成共享，为开发生产管理平台快速搭建和后续信息化系统建设提供有效的共享。

5）快速见效原则

结合西南油气田具体业务需求和实际工作状况，合理做出功能概要设计和愿景规划，项目做到可落地、可实施、尽快见效。

3. 总体架构设计

开发生产管理平台总体架构由数据层、集成层和应用层构成（图 3-2-4）。

1）数据层

作为企业信息系统的连接中枢，以数据总线环境为核心，采用中间件与 XML、Web 服务等技术，发布标准的数据访问接口，提供数据源和各类应用服务之间的桥梁，提升复杂数据的访问能力。

2）集成层

分为专业服务、公用技术服务、业务流程管理服务及专业应用软件服务。

（1）专业服务：通过拆分关键业务活动节点，并以组件的方式开发对应服务模

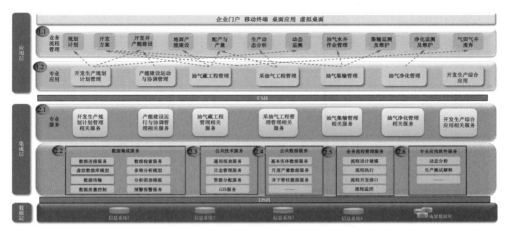

图 3-2-4　开发生产管理平台总体架构图

块，应用模块通过对不同服务的组织、编排、调用，完成业务功能的组合，遵循统一的技术规范发布到企业服务总线。

（2）公用技术服务：将各种技术服务以通用的、标准的方式挂接在企业服务总线，向上游专业应用提供底层技术支撑。

（3）业务流程管理服务：将原来分布在各系统中零散的业务功能点串成一个完整的业务流程。

（4）专业应用软件服务：对于专业研究系统，因其系统内部独立封装，其功能模块不能按照服务的方式进行拆分，需要保留原系统，采用 EAI 的方式进行集成访问。

3）应用层

确定年度开发部署管理、开发方案业务管理、开发井产能建设管理、配产与产量管理业务管理、气田动态分析管理、气田监测管理、井下作业管理、集输系统监测与维护管理、净化处理系统监测与维护管理等 9 个核心业务管理流程纳入开发生产管理平台的建设内容。结合业务流程设计与专业应用关系研究成果，形成开发生产规划计划与方案管理、产能建设运行与协调管理、油气藏工程管理、采油气工程管理、油气集输管理、油气处理管理及开发生产综合应用管理 7 大专业应用管理体系。

4. 采用的梦想云技术

西南油气田开发生产管理平台是完全基于勘探开发梦想云平台开发的，其整个平台的开发环境、测试环境、生产运行环境均部署在梦想云平台上，采用的梦想云技术有：

1）平台框架

基于梦想云的整体框架，采用 Devops 开发流水线实现开发、测试和运维。

2）容器技术

将应用打包到一个可移植的容器中，然后发布到服务器上，也可以虚拟化，实现资源的弹性伸缩。

3）微服务技术

基于梦想云微服务组件部署应用和服务。

4）流程设计技术

基于流程引擎、表单设计器等中间件，提供基于容器云平台的勘探业务管理流程快速设计。

5）场景设计技术

基于界面布局框架、表单设计器、数据可视化等中间件，提供业务场景的快速定制能力。

6）信息系统集成技术

包括统一身份认证、权限集成、消息集成、数据一致性匹配等功能，实现平台上的多系统各模块间能够进行对接，实现无缝操作。

7）移动端发布技术

基于梦想云移动端原生框架开发，支持苹果和安卓系统的应用。

5. 基础环境搭建

1）硬件

开发生产管理平台硬件环境配置主要包括 Web 服务器、应用/数据发布服务器、应用代理/负载均衡服务器、数据库服务器、文件服务器、专业应用服务器集群、存储系统等（图 3-2-5）。

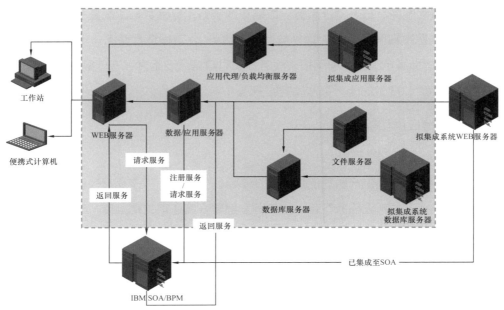

● 图 3-2-5　西南油气田开发生产管理平台系统部署图

2）基础软件

开发生产管理平台使用的基础软件主要包括：

（1）操作系统：Window Server 2008 R2 版本、Cent OS Linux 6.5 版本；

（2）数据库：Oracle 10g 数据库服务器；

（3）应用服务器：IIS 7.0 Web 服务器、Apache Tomcat 8.0；

（4）运行时环境：Net Framework 4.5、JDK 1.8；

（5）数据库接口：ODBC、JDBC、OLEDB 等。

四　功能开发

1. 平台通用功能开发

基于勘探开发梦想云架构体系，实现开发生产管理平台数据层、集成层以及平台通用功能的设计、开发、部署。主要功能包括：平台技术框架、平台配置服务、用户权限服务、日志管理服务、数据集成服务（包括数据源配置管理、数据传输服务、数据发布服务、专业软件数据交换服务）、流程管理服务、通用组件服务（包括生产指标展示组件、通用报表服务、实时数据展示组件、专业图形展示组件、GIS 展示组件、搜索功能、数据质控服务）。

2. 平台应用功能开发

1）年度开发部署管理模块

实现油气田开发生产管理的年度开发部署任务下达、审核及归档管理。主要功能包括：年度开发部署任务下达、年度开发部署方案送审文档上传、年度开发部署方案报告审查、年度开发部署主要指标及产能建设工作量维护等。

2）开发方案业务管理模块

实现开发方案全流程管理，覆盖项目立项、任务下达、项目开题、审核审批和开发方案归档等活动组织、协调和综合管理。主要功能包括：项目立项申请、任务下达、项目开题、二级单位审核、开发方案上传、开发方案指标管理及详细后评价报告管理等。

3）开发井产能建设管理模块

实现开发井产能建设过程中井位部署、设计成果审批，钻完井和产能建设效果跟踪分析等流程管理。主要功能包括：下达计划及项目组织、钻前动态跟踪、钻井施工动态跟踪、录井施工动态跟踪、测井施工动态跟踪、试油施工动态跟踪、开发井产能建设成果归档、开发井交接等。

4）配产与产量管理业务管理模块

实现油气田产能核定与审批、产量核实与年度配产、月度配产的流程化管理，满足现场生产工作协同需求。主要功能包括动态分析软件集成、已开发气田老井生产能力核定、当年新井新建生产能力核定、分公司年度配产、油气矿年度配产、气井年度配产、作业区年度配产、气井月度配产执行监控等。

5）气田动态分析管理模块

实现油气日常生产异常上报、分析及处置，油气水井动态分析，提出措施井调整建议，并对措施井实施效果进行分析，气藏开发评价与潜力分析，提出油气田阶段开发调整建议。主要功能包括：动态分析软件集成、作业区级日生产跟踪、作业区生产周分析、作业区生产月分析总结、气矿日生产跟踪、气矿生产周分析、气矿生产月分析总结、日生产跟踪、生产周分析、生产月分析总结。

6）气田监测管理模块

实现动态监测从计划下达到监测方案编写、监测施工过程监控及监测成果管理。主要功能包括：动态监测年建议计划管理、动态监测月运行计划管理、动态监测计划审核、监测动态跟踪、监测成果管理等。

7）井下作业管理模块

在开发生产管理基础技术平台上，重点集成西南油气田井下作业管理系统。

8）集输系统监测与维护管理模块

在开发生产管理基础技术平台上，重点集成西南油气田管道管理平台。

9）净炼化处理系统监测与维护管理模块

实现净炼化生产系统日常监测计划管理与生产维护实施管理规范流程、净炼化生产系统监测与维护业务管理全过程数据管理。主要功能包括：生产运行计划的下达、计划执行、维修计划制定、施工作业动态跟踪等。

3. 平台集成的系统

按照平台化思想，根据开发生产管理业务对数据和功能的需求，在对现有系统充分评估论证的基础上，采用数据与专业服务集成、界面重新封装、界面集成和软件集成等 4 种方式，实现对 9 个已建在用系统或专业软件的集成，见表 3-2-2。

表 3-2-2 系统集成方式列表

整合内容	A1系统	A2系统	A5系统	A11系统	生产运行平台	综合数据管理平台	场站系统	动态分析等专业软件	工程技术数据一体化平台
数据与专业服务集成	√	√	√	√	√	√	√	√	√
界面重新封装		√			√	√			

整合内容	A1 系统	A2 系统	A5 系统	A11 系统	生产运 行平台	综合数 据管理 平台	场站 系统	动态分 析等专 业软件	工程技术 数据一体 化平台
界面集成	√	√		√	√		√		√
软件集成								√	

五 应用成效

开发生产管理平台经过需要调研、详细设计、功能开发、运行环境搭建、系统测试、用户培训和上线试运行，于 2020 年 12 月正式上线运行。至 2021 年 2 月，平台注册用户 1200 余个，总登录次数 20000 余次，应用成效初显。

通过开发生产管理平台的应用，实现了开发生产管理业务的流程化标准管理与可视化应用，促使业务"线上"高效运行，节省了各级管理与技术人员收集整理数据的时间，提高了工作效率，实现了无纸化办公，效益明显。

1."线上"流程优化，提高工作执行效率

通过开发生产管理平台的应用，实现了开发生产管理业务流程固化到平台上，业务管理从"线下"到"线上"，优化规范业务流程，实现相关管理业务在各级管理部门之间的在线传阅、在线会商、在线批注、在线审核、在线签章，推动该项业务协同高效、管理合规、执行留痕，确保各项管理工作简洁高效，提高执行效率（图 3-2-6）。

2.统一产量分析工具，提高气田动态分析的可靠性

开发生产管理平台针对各级用户、不同的使用场景，在流程节点提供相应产量分析工具，保障了不同层级、不同组织机构用户工作的统一性和可靠性。以作业区技术岗产能核定为例，用户以平台提供直线递减、双曲递减、调和递减等 5 种模型算法，改变了传统模式下产能核定工具多样和算法不统一的问题（图 3-2-7）。

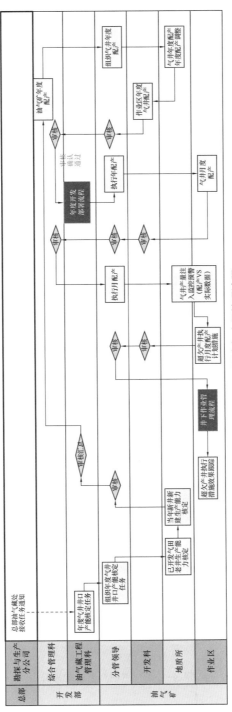

● 图 3-2-6　配产与产量管理流程

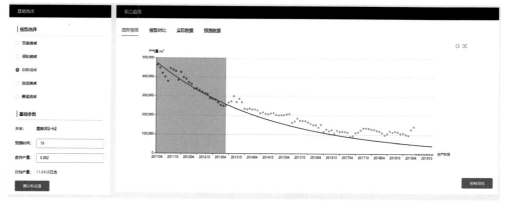

● 图 3-2-7 　产能核定拟合算法

3. 实现数据共享，降低收集整理数据工作强度

通过开发生产管理平台的应用，实现涉及多套信息系统的数据集成（图3-2-8），并根据实际需求制定了定时更新机制，保障数据来源准确及时，避免了因数据源不同造成的数据不一致。通过打通业务与数据壁垒，业务人员不再需要进入多套信息系统获取数据，大幅减少了收集数据的时间，提升西南油气田各层级、各领域用户数据查询的准确性和效率。

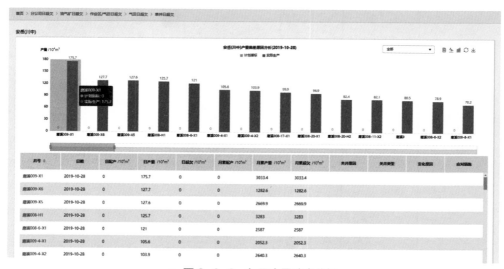

● 图 3-2-8 　气田产量动态分析

4. 一键式生成统计报表，可视化应用提高管理效率

通过开发生产管理平台的应用，实现了对关键进度节点的可视化监控，实时进行计划进度与实施进度的跟踪对比，及时预警延迟的实施节点，一键式自动生成相关周报、月报、年报，有效支撑业务管理人员快速做出管理决策，及时调整进度计划，减少编制报表时间，提高管理效率（图 3-2-9）。

第1页/共1页

气矿：川中油气矿,重庆气矿,蜀南气　年度：2021　查询

全分公司2021年度气田定产气井井口能力汇总表

单位：井数（口）、日产（$10^4m^3/d$）、年产（$10^8m^3/d$）

单位	合计			已投产井												未建产能		
				小计			上年老井转入			本年核增井			本年新获气井					
	井数	日产	年产	井数	日产	年产	井数	日产	年产	井数	日产	年产	井数	日产	年产	井数	日产	年产
川中油气矿	249	3846.7	126.9411	245	3813.8	125.8554	217	3353.2	110.6556	3	103.6	3.4188	25	357	11.781	4	32.9	1.0857
重庆气矿	423	677.1	22.3443	423	677.1	22.3443	407	632.3	20.8659	13	4.8	0.1584	3	40	1.32	0	0	0
蜀南气矿	280	698.9	23.0637	280	698.9	23.0637	259	634.8	20.9484	17	5.1	0.1683	4	59	1.947	0	0	0
川西北气矿	98	409.2	13.5036	98	409.2	13.5036	83	314.6	10.3818	11	4.6	0.1518	4	90	2.97	0	0	0
川东北气矿	55	221.8	7.3194	52	194.8	6.4284	47	182.8	6.0324	3	6.8	0.2244	2	5.2	0.1716	3	27	0.891
川东北高含硫气田开发建设项目部	6	900	29.7	6	900	29.7	0	0	0	6	900	29.7	0	0	0	0	0	0
致密油气项目部	6	21.2	0.6996	6	21.2	0.6996	3	8.9	0.2937	0	0	0	3	12.3	0.4059	0	0	0
合计	1117	6774.9	223.5717	1110	6715.0	221.5950	1016	5126.6	169.1778	53	1024.9	33.8217	41	563.5	18.5955	7	59.9	1.9767

图 3-2-9　井口能力汇总表

5. 节约成本，实现了办公无纸化

通过开发生产管理平台的投运，彻底地改变了过去人工整理数据、设计文档反复打印、多次会议会商、纸质文件逐级审批、人工制作报表的工作方式，节约了时间成本与经济成本，真正实现了办公无纸化（图 3-2-10）。

开发生产管理平台应用愿景是，以油气田开发生产业务为驱动，借助开发生产管理平台建设构建开发生产业务数据集成应用共享平台，实现对企业内外部资源和生产要素的聚合、集成、配置与优化，促进传统生产组织方式革新和技术创新，逐步建设自动化、信息化、智能化油气田，增强安全管控水平，实现管理创新、降本增效、业务工作协同、生产决策优化，为西南油气田可持续发展提供新的技术动力（图 3-2-11）。具体表现为以下 3 个方面。

（1）在开发生产全过程构建一个立体、多维、大范围的数据集成、交换和分享机制，实现信息、技术、知识、研究成果等海量在线大数据，可以随时被调用和挖掘，并随时在上下游、协作主体之间流动、分享和交换，加速技术成果快速转化为现实生产力，发挥大数据资源价值。

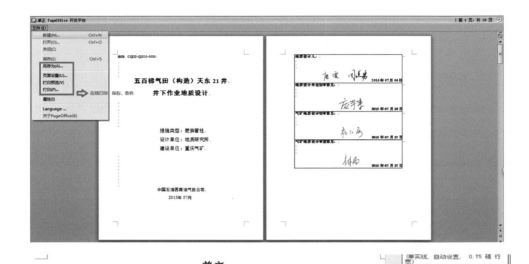

● 图 3-2-10 设计报告在线审核

（2）通过业务流程优化，改变原有的生产组织方式，将相同目的、不同地域、不同专业部门、前线现场和后方支持的人员以中心网状发散的模式聚汇到一起，实现开发生产过程"跨地域、跨专业、多部门、实时在线"的大规模工作协同，在数据、知识、技术资源实时共享的环境中相互支持相互协作，有利于发挥群体智慧和创造力，最大限度提高生产效率。

（3）基于开发生产海量数据，结合云计算等新技术，集成各种专业应用软件及专家系统等，实施开发生产各环节的技术创新和实时在线的生产优化系统，在业务驱动的信息化平台基础上，借助自动化和信息化技术深度融合，逐步建设以"全面

感知、自动操控、智能预测、持续优化"为特征的智能油气田，谱写油气田建设的
新篇章。

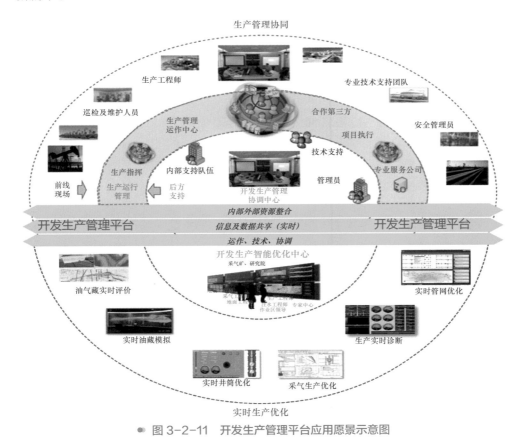

● 图 3-2-11　开发生产管理平台应用愿景示意图

第三节　智能油气田示范工程建设与应用

西南油气田在全力建设数字油气田的同时，紧跟新一代信息技术的快速发展，
积极探索智能油气田的建设模式和应用场景，以期进一步提升油气田整体安全生产
管控和综合运营能力。按照"前端智能管控，后端智能协同"整体思路，以"全面
感知、自动操控、智能预测、持续优化"为建设目标，在常规气（磨溪龙王庙）和
非常规气（川南页岩气）两个区块开展智能油气田示范工程建设，依托梦想云进行

油气田生产的"云"上监控和管理。在前端生产现场，综合应用图像识别、智能诊断、增强现实（Augmented Reality，简写为 AR）、虚拟现实（Virtual Reality，简写为 VR）、机器人、无人机等技术，进一步提升现场管控能力，优化组织架构；在后端协同现场，开发了一批专家系统，建成"气藏—井筒—地面"一体化模型及智能应用软硬件基础环境，初步建立自动优化配产、智能跟踪与诊断等跨专业、跨单位一体化协同的智能工作流，取得了显著应用成效，基本建成常规气（龙王庙）和非常规气（页岩气）两个智能油气田示范工程。

一　油气田生产全面感知

　　数字油气田解决的是数字化问题，通过各种信息系统采集并管理油气田勘探开发业务链上的各种数据。而智能油气田在数字油气田的基础上更进一步，基于先进物联网、云计算、大数据等智能化手段，建立更高频率、更高质量、更多元素的信息自动采集与过程监控，让油气田拥有无所不在的"触角"、洞察一切的"耳朵"和目光如炬的"眼睛"，搭建阡陌纵横的"神经网络"，实现油气田"大脑"对生产对象的全面感知，为油气田"大脑"的自动操控、趋势预测及优化决策提供基础保障。西南油气田以油气生产物联网建设为基础，辅以管道光纤预警系统、高清视屏监控系统、无人机巡线、铁塔远程智能监控系统等信息系统及手段，在智能巡检、智能监控、生产态势感知等方面探索实践了对管道内部及周边、站场地面等生产对象及环境的实时监控及全息感知。

油气田生产全面
感知演示

1. 数据自动采集

　　通过油气生产物联网建设在各种地面阀室、井站、集气站、净化厂工艺装置等生产实体上安装自动化仪表，对生产实体的温度、压力、流量、液压数据自动采集、实时传输和集中存储（图3-3-1）。这些数据最终被集成展示及应用在油气田生产调度、科学研究及专家决策的不同场景，让我们有千万只体察脉象的手，时刻感知着油气生产现场各类生产实体的温度、压力、流量、液位数据。

将物联网系统与 SCADA 系统深度融合，实现工业控制系统的全方位管理（图 3-3-2）。以物联网智能网关为核心，在传统工业生产数据采集的基础上，完善了现场智能设备的运行参数和状态信息采集，包括：智能电表、环境监控设备、智能仪表 HART 采集器、PLC/RTU、光通信设备 SDH 和网络交换机等，将采集到的信息传输到 SCADA 系统进行扩容组态，实现了工业控制系统管理真正无死角，同时对采集到的数据和状态信息进行初步智能分析和诊断，远程判断现场智能设备的健康状态。

(a) 油气生产站场管网　　　　　　　(b) 油气生产站场自动化仪表

● 图 3-3-1　油气生产物联网

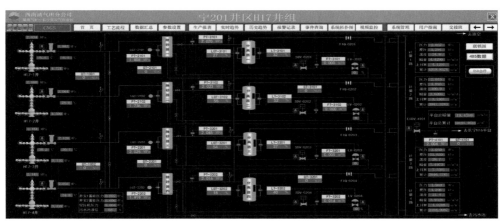

● 图 3-3-2　物联网组态工艺流程图

将同一仪表的 RTU 模拟主变量数据和 HART 数据数字主变量值进行实时比较，误差值超过阈值设定即产生报警，提示现场仪表设备可能出现异常，使中心站操作人员及时知晓处理。

物联网数据的采集与应用为油气田生产运行、指挥调度提供全面的数据支撑，减轻了员工劳动强度，提高了产运销生产调度指挥的综合能力及数字化建设整体水平（图3-3-3）。

● 图3-3-3　物联网实时数据对比图

2. 智能巡检作业

油气站场及长输管道是油气生产管理的重要场所及管理对象，为了保证其安全正常运行，需要对其状态进行监控感知。目前，为及时发现和处理油气站场及管道在运行中出现的各类异常问题，油气企业普遍采用人工巡检巡线的方式确保油气站场及管道安全平稳运行。而随着信息技术的飞速发展，西南油气田充分吸收引进AR、无人机、机器人等先进智能技术及设备，落地应用于巡检作业中，对油气田运行的感知更加安全、精准、高效。

1）AR 智能巡检

利用人工智能深度学习、图像识别、AR技术建立巡检项目的正常、异常状态模型，以AR眼镜为载体，辅助人工开展场站巡回检查任务，实现AR智能巡检。AR智能巡检可借助作业区数字化管理平台下发AR智能巡检工单创建任务，并将巡检流程及结果实时回传作业区数字化管理平台，融入生产操作现场业务流程管理闭环。在巡检过程中，通过 AR 眼镜可实现设备状态智能判断、仪表读数智能分析、辅助作业及前后方协同的功能（图 3-3-4）。

● 图 3-3-4　AR 智能巡检设备状态智能判断示意图

（1）设备状态智能判断。通过后台建立的设备状态模型，AR 智能眼镜可对井口截断阀、消防器材、工作状态指示灯等设备的状态进行智能判断。

（2）仪表读数智能识别。AR 智能巡检可自动识别就地仪表数值，并与生产物联网实时数据对比分析（图 3-3-5）。

● 图 3-3-5　AR 智能巡检仪表读数示意图

通过 AR 智能巡检这一智能技术手段，巡检工作质量标准及油气生产现场受控水平均得到显著提高。相较于传统巡检依靠电子标准清单和员工个人经验，AR 智能巡检实现了巡检项目交由 AR 眼镜自动检查，发现问题提出警告。在解放员工双手的同时，杜绝了因员工不熟悉等造成的无效巡检，提高了巡检工作的标准和质量，提升管控水平。

（3）辅助作业。在巡检过程中，除了对设备状态的确认及仪表的读取，还需对设备进行基本操作作业。因此，AR 技术也可应用于对现场操作人员的作业辅助上。通过穿戴设备 AR 眼镜，以虚实结合的方式开展操作流程确认、操作示范，操作人员根据 AR 眼镜提示操作步骤及操作演示进行实际操作，确保了操作流程及方式的规范性、正确性（图 3-3-6）。

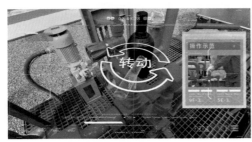

（a）AR眼镜虚拟画面　　　　　　（b）AR辅助下现实操作

● 图 3-3-6　AR 智能作业操作示范及操作确认场景图

通过 AR 智能辅助作业，破除对个人操作经验的依赖，消减了作业风险。打破传统作业活动对理论学习、操作实践、人的经验的依赖，提高作业活动的标准和规范，进一步消减作业带来的安全风险。

（4）前后方协同。通过 AR 智能眼镜，以第一人称视角进行生产操作现场与技术支持的前后方远程协作，后端调度指挥中心、管理人员、专家通过实时音视频、AR 动态标注、资料分享，协助现场高效处理疑难问题。

后端专业人员通过 AR 动态标注功能在生产现场传回的实时视频画面上进行圈点、勾画，标注现场操作人员视角的操作部件，AR 叠加真实画面，实现精准指导。也可通过资料分享功能发送文字、图片、视频给 AR 眼镜，辅助指导现场操作（图 3-3-7）。

通过 AR 智能眼镜实现的前后方高效实时协同，大幅提升了现场问题处置的可靠性和及时性。打破时间、地点、人物交流的限制，实时对故障情况进行交流，利用第一视角的优势第一时间掌握现场情况，通过专家解答给出问题处置的最优方案、避免现场误操作带来的风险。在大幅消减现场安全风险的同时，提高解决问题的效率和准确性。

(a) 后端专家视角　　　　　　　　　　　(b) 现场AR眼睛视角

● 图3-3-7　后端AR动态标注功能示意图

2）机器人智能巡检

由于天然气站场高压、高温、易燃易爆炸等特性，利用防爆智能机器人替代人工巡检（图3-3-8），可实现对现场设备状态、数据、气体泄漏等各项巡检内容的远程掌握，让巡检工作更安全、更高效。

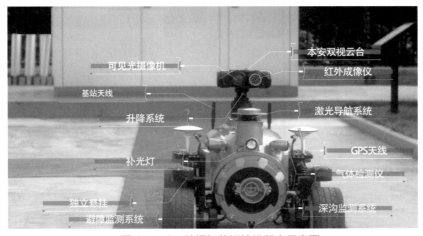

● 图3-3-8　防爆智能巡检机器人示意图

通过机器人集成巡检所需各种探测设备，实现场站自动巡检、远程遥控，读取现场设备声音、温度、压力等参数，实时上传巡检视频，通过探测设备分析判断可能的异常点，探索逐步替代现场人工巡检（图3-3-9）。

(a) 智能巡检机器人巡检视角

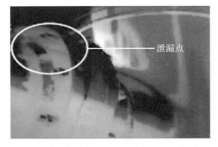

(b) 智能巡检机器人红外气体泄漏检测

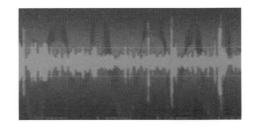

(c) 智能巡检机器人音波分析设备运行状态

● 图 3-3-9 智能巡检机器人巡检示意图

机器人智能巡检减少员工在风险环境的暴露时间，提高巡检工作质量。可及时发现轻微泄漏等人工巡检不易发现的异常情况，在现有无人值守井巡检频次的基础上，可进一步减少员工现场受伤害风险，提升现场安全受控水平。

3）无人机智能巡检

无人机智能巡检通过输入线路坐标，自动生成管道/电力线路走向，无人机自动执行巡线任务，AI 技术自动识别管线周边的车辆、人员等可能危害管道的不安全行为，针对电力杆塔上部设备，能够清晰识别部件缺陷，最大程度地弥补肉眼观察不足的问题（图 3-3-10）。

通过无人机智能巡检，大幅提升巡护效率和质量，且数据可进行二次分析利用。针对野外远距离、复杂地势的巡护工作，"天空视角"（图3-3-11）较传统方式可短时间内快速定位异常点、故障点，提高工作效率和质量，减少巡检人员工作量和风险，且无人机记录的数字数据可再次开发利用。

● 图3-3-10　无人机巡线示意图

● 图3-3-11　无人机巡检天空视角

3. 可视智能监控

工业视频监视与安防系统为油气生产及作业现场的生产属地管理、安全行为监控、环境监控等提供了有效的辅助管理手段（图3-3-12）。利用大数据及机器学习等人工智能技术，根据场站属地管理及管道高后果区第三方破坏管理需求，以历史监控视频为特征库进行深度学习分析，建立异常危害行为／事件的算法模型，开发场站及管道智能安防系统。该智能安防系统可对生产现场的异常危害行为／事件进行全时段智能分析，从而实现辅助场站人员行为合规管理及场站、管道高后果区异常事件预警的效果。

（a）工业视频监视与安防系统高清摄像头

（b）工业视频监视与安防系统监控画面

● 图 3-3-12　生产现场工业视频监视与安防系统

1）进站人员行为合规管理

系统主要通过算法模型实现对人员劳保穿戴的自动识别检测、对场站外来入侵检测及场站进出人数的自动统计等（图 3-3-13，图 3-3-14，图 3-3-15）。

◉ 图 3-3-13　智能安防系统对进站人员身份识别示意图

◉ 图 3-3-14　智能安防系统对进场人数自动统计意图

◉ 图 3-3-15　智能安防系统对劳保穿戴自动检测示意图

2）场站异常事件预警

系统主要通过算法模型实现对监控视频中施工大件物品遗弃、明烟、明火等异常事件的实时甄别预警（图3-3-16，图3-3-17）。

● 图3-3-16　智能安防系统对场站异物自动检测示意图

● 图3-3-17　智能安防系统对明烟、明火自动检测示意图

通过场站智能识别系统的应用，实现了油气生产及作业现场的可视化智能分析监控，解决了人工远程监控效率低下（日常监控视频90%以上均为正常）、问题易遗漏、发现不及时的困境，视频监控效率和质量得到大幅提升。

3）声波主动驱离

应用声波主动驱离技术结合智能安防系统智能分析识别非法闯入人员，自动发出特殊频率声波（无害），使其感到难以忍耐而终止入侵行为（图3-3-18）。

● 图3-3-18　声波发射装置

可视化智能分析与声波主动驱离的结合应用，将语音喊话、声光报警等警告驱离措施转变为声波主动驱离，掌握防御主动性，有效弥补入侵事件警示无效直至中心井站人员赶到现场的"真空期"，提升无人值守井站安防保障水平。

4. 生产态势感知

基于自动获取的动静态生产数据，按日度更新频率从"生产概况、生产参数分析、分类筛选"3个角度快速识别目标井/平台/区块生产表现优劣的差别，全面感知油气田生产动态，依据特定的数据加工规则提供多套在线辅助生产报表（含产量递减分析、单位压差产量监控、井状态、站场压损等），从生产监测、动态分析、生产预测、作业建议4个维度提供多参数分析模板，帮助工程师及早发现生产中的问题及诊断原因，花费更少时间管理更多的井，最大程度上释放气藏的潜力。

1）在线资产总览

提供了支持开发、生产、工程、经营等业务管理多用户多角度查阅油气田资产的鸟瞰视图，从"油气田—井区—平台—井"4个层级、用"生产概况、生产参数分析、分类筛选"3个方式快速识别目标井/平台/区块生产表现优劣的差别，辅助加快生产运行管理决策进度（图3-3-19）。

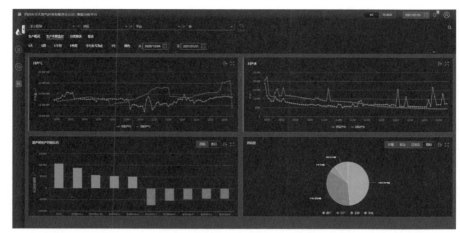

● 图3-3-19   在线资产总览

2）在线辅助生产报表

提供了支持开发、生产、工程、经营等业务管理多用户需求的生产运行、产量递减分析、单位压差采气量监控等多类生产报表网页端下载功能，并按日度实时更新，可实时监控和快速分析目标井区/平台/井的产量变化及直接原因，即时生成各类生产图表，辅助加快现场生产报告编制进度（图3-3-20）。

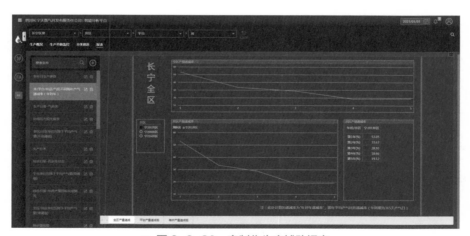

● 图3-3-20   定制化生产辅助报表

３）OFM 软件动态分析

OFM 软件由一组功能强大，高度集成的定制模块组成，可以便捷、高效管理贯穿勘探和开发各阶段的油、气田数据。通过 OFM 提供的高效、整合的研究环境，能够实现油藏和生产数据的可视化、生产预测分析以及复杂工作流的创建等，帮助工程师及早发现生产中的问题及诊断原因，线下线上协同高效完成数据分析（图 3-3-21）。

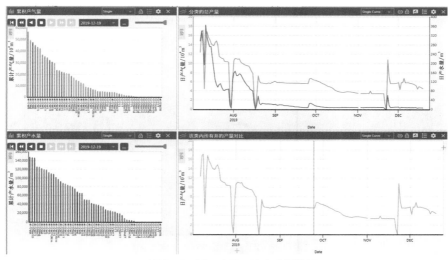

● 图 3-3-21 OFM 动态分析模板

二 油气田生产自动操控

借助物联网建设，在井口、进 / 出站管线、工艺装置区设置变送器、智能流量计、安全截断阀等仪器仪表设备，站场、净化厂自动化控制系统全覆盖，实现了单 / 丛式井站、集气站、远控阀室等相关工艺设施的自动控制、无人值守；实现了工艺参数超限报警、装置泄漏检测报警、远程紧急关井等功能。

气田生产自动
操控演示

1. 电子自动巡检

基于现场网络摄像机，借助基础服务（流媒体、消息），定时扫描预置位，抓拍扫描设备的图片（图3-3-22），利用数字图像处理技术形成的仪表识别算法、液位计状态识别算法识别设备的读数、判断设备的工作状态，并将识别结果和Scada系统中的数据进行对比，超限即产生报警（图3-3-23）。巡检功能包括巡检逻辑设置、巡检数据记录、巡检数据分析、巡检点视频追踪、自动和手动切换、

● 图3-3-22　预置位顺序自动扫描

● 图3-3-23　仪表智能识别

班次远程巡检设备列表设置、巡检命令下发、仪表/设备远程调校和 HART 设备智能诊断等 9 项功能。功能的使用对象主要为设备管理人员、安全管理人员和巡检工作人员。

2. 仪表状态自动诊断

以物联网智能网关为核心，完善现场智能设备的运行参数和状态信息采集，将信息传输到作业区数字化管理平台手持终端和 DCS 系统进行监控组态，并对其进行初步智能分析和诊断，远程判断现场智能设备的健康状态。

大幅提升仪表故障发现和处置效率。大幅度减小员工现场校检比对工作量，故障发现和处置效率较传统模式提升 75%（表 3-3-1）。

表 3-3-1　仪表状态自动诊断与传统模式对比表

工作内容	传统模式	当前模式
智能仪表数据巡检比对	2 人分别在现场、控制室，用对讲机比对；每个站场用时 30 分钟	1 人用手持终端完成对比；用时 3～5 分钟
智能仪表巡检调校	用手操器逐个连接，在线巡检调校；每个站场用时 2～3 小时	利用手持终端一次连接所有仪表；用时 30 分钟
智能仪表巡检调校及故障排查	专业技术人员到场；每个站场用 2 小时	当班员工完成巡检后针对性上报；用时 30 分钟

3. 紧急自动联锁

全气藏安全联锁保护以自动化控制系统为基础，实现紧急工况气藏单井及集气站的自动联锁控制（图 3-3-24），在无人操作的情况下实现自动关停、截断和放空。以大型 DCS 系统为核心，实现上游单井、集气站，下游净化装置一体化联锁控制，事故发生时系统自动执行"八级截断、三级放空"的全气藏联锁。同时，在生产调控中心（图 3-3-25）设置辅助操作台，实现分区域一键关井、全气藏一键关井功能，为油气田安全生产和单井无人值守夯实了基础。

全气藏安全联锁保护从系统本质提高了安全保障，降低了事故风险。通过在单井、集气站及净化厂应用该项技术，确保了紧急情况下全气藏上、下游一体化的迅速自动响应及自动联锁控制。

● 图 3-3-24　重点井站关键阀门自动联锁

● 图 3-3-25　生产调控中心

（三）　油气田生产趋势预测

在全面感知生产运行的状态、自动操控体系稳定运转的同时，需要通过数据挖掘、业务模型分析，根据生产系统各环节的运行趋势，实现对关键参数的阈值预警、异常工况的智能诊断，并根据预测分析智能辅助形成生产策略。

1. 生产数据趋势预警

以 DCS 系统内大量的实时数据为对象、历史数据为基础，建立仪表设备趋势分析（图 3-3-26）和异常波动（图 3-3-27）两种预警模型，在实时数据与模型特征发生偏差时，提前预测故障，提高系统可靠性。

气田生产趋势
预测操控演示

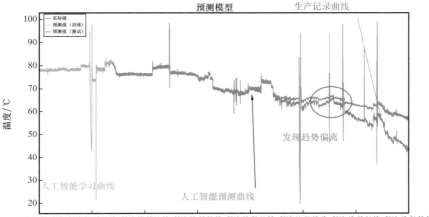

● 图 3-3-26 生产数据趋势分析预警

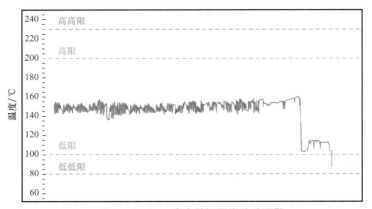

● 图 3-3-27 生产数据异常波动预警

2. 环空异常带压预警

根据环空压力异常带压机理，基于气井正常运行和异常带压时气量、井口温度以及环空压力变化规律，建立识别环空压力持续上升趋势和大数据分析预警模型，对环空压力进行预警（图3-3-28）。

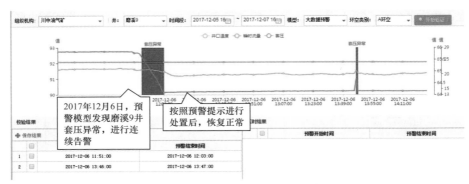

2017年12月6日，预警模型发现磨溪9井套压异常，进行连续告警

按照预警提示进行处置后，恢复正常

		预警结束时间
1	2017-12-06 11:51:00	2017-12-06 12:03:00
2	2017-12-06 13:46:00	2017-12-06 13:47:00

● 图3-3-28　环空异常带压预警

以大数据分析为基础，在异常情况发生初期立即产生预警提示，较门限报警大幅提前报警时间，为后续判断故障原因、制定解决措施争取宝贵时间，最大限度消减运行风险。A环空预警模型试运行以来，对48口井A环空异常带压进行了预警尝试。实现了从预警提醒到人工确认，再进行泄压作业，并将作业信息反馈回系统的预警信息处理闭环。同时也对B、C环空进行了模型预警尝试。截至目前，对历史上实际发生的预警，系统模型实现了验证，对新发生的异常进行了监测预警，现场操作人员通过系统进行了闭环管理。将原有通过人工观察、人工判断、阈值报警处理的模式转变为自动监测、自动判断、提前预警处理的模式。

3. 页岩气排产预测

科学合理的排产计划是保证油气田成功开发的基础。一套合理可行的生产排产计划应考虑到所有相关因素，预测可能的产量水平，进而合理规划投资活动（例如增产和新气井项目），最终达到目标产量水平。短期排产预测工作流是基于PIPESIM软件创建的管网模型和排产计划数据，快速模拟当前管网在设计配产条件下的运行状况，甄别当前排产计划中潜在的安全风险与生产瓶颈（如设备处理能力、管网集输能力限制等），指导风险评估及设计调整工作，以获得可实施的最佳排产计划（图3-3-29）。

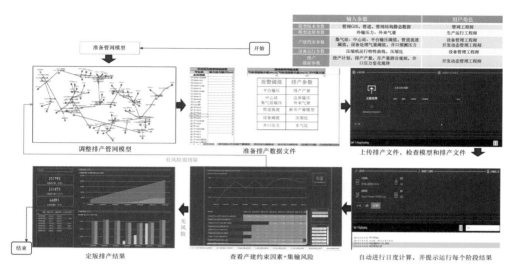

● 图 3-3-29 页岩气短期排产预测工作流程

工作流模拟计算结果可以按月查看产量分布，并且按站、管线、设备阈值对比报警，可采用离线调整试算，再集中上传，重算迭代出最优（实现程度最高、安全运行保障最大）年度产量计划。"短期排产预测"实现了两年内的年度产量计划"能见能调"（图 3-3-30）。

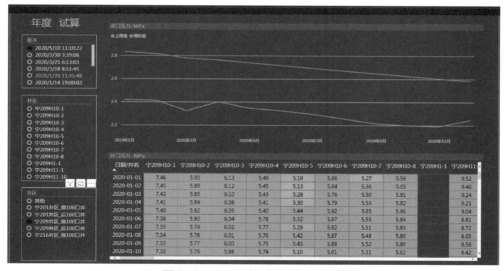

● 图 3-3-30 页岩气短期排产试算结果

4. 异常智能诊断

气井、管道、站库的生产运行、安全环保预警可视化系统应用机器学习技术，对生产实时数据进行深度挖掘利用，实现管道综合风险提醒、井场异常工况趋势分析预警、输气管道内腐蚀预测、变更风险提醒等 9 大应用场景，并通过大数据可视化技术对预警信息进行综合展示和应用，将安全管理前移至生产操作层面（图 3-3-31）。

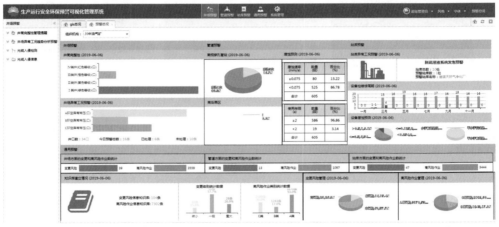

● 图 3-3-31　气井管道站库生产运行安全环保预警可视化系统预警信息综合展示界面

基于多参数融合分析的工况异常预警是针对脱硫溶液系统异常发泡机理，分析表征发泡现象的工况参数类型，在脱硫溶液系统发泡初期，通过融合多参数异常变化趋势，在单参数报警前，提醒现场中控室人员脱硫溶液系统可能发泡，以便及时采取措施，从预警提醒到人工确认，再进行加注阻泡剂作业，将作业信息反馈回系

脱硫溶液发泡：含硫天然气开采后需经由天然气净化装置对天然气中的硫化氢进行净化处理以达到商品气标准，在脱硫过程中经常会发生醇胺溶液发泡的问题，导致装置无法平稳运行，处理能力严重下降、造成生产波动、脱硫效率达不到设计要求等问题。

统。从被动处理到主动预防，有效减少了严重发泡事件的产生。将原有通过人工观察、人工判断、阈值报警处理的模式转变为自动监测、自动判断、提前预警处理的模式（图3-3-32，图3-3-33）。

● 图3-3-32　脱硫塔溶液发泡预警示意图

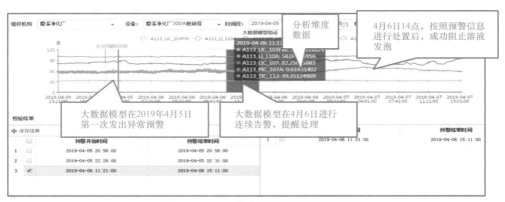

● 图3-3-33　脱硫塔溶液发泡预警实例

在复杂工况下预警的基础上直观展示多角度分析数据，帮助快速定位异常点，转变原来故障排查需要多系统查找资料、多点进行确认、依靠员工经验进行判断的模式；多维度数据同步进行分析，信息辅助判断异常点，实现预警综合信息在同一界面直观展示，便于快速查明故障原因，定位异常点。

四　油气田生产优化决策

基于强大的感知、操控、预测能力，以实时数据驱动专业模型形成的智能分析、预测结论为依据，通过实时推送的可视化协同工作环境，结合行业专家经验的辅助决策系统，实现智能技术与人的经验智慧相结合，在磨溪龙王庙组气藏开展"气藏—井筒—地面"一体化动态分析，全面提升了气田生产优化决策能力。

磨溪龙王庙组气藏是国内首例特大型寒武系整装碳酸盐岩气藏，地质条件复杂，且具有高压含硫、非均质程度高、边底水活跃等特征，同时该气藏的开发生产还肩负保障川渝地区能源安全的重大责任，生产制度调整频繁，传统技术难以在水侵活跃不利于稳产条件下及时提供智能优化方案，实现气藏长期稳产的生产目标；难以同时兼顾气藏、井筒、地面各环节之间的影响，对开发策略进行全局科学优化。为有效解决以上问题，西南油气田经过科技攻关，形成了"气藏—井筒—地面"一体化动态分析技术，用于磨溪龙王庙组气藏智能优化配产与生产异常工况智能跟踪与诊断。

1. "气藏—井筒—地面"一体化模型智能优化配产

传统的配产过程仅考虑气藏，未形成全局协调配产，且对于有水气藏现有的配产方法通常是利用数值模型预测形成最优方案，效率较低。利用一体化模型耦合技术方法，实现全局优化配产，并在此基础上利用神经网络模型，找出动、静态参数与气井见水时间的关系，确定实时变化的合理生产压差，延缓气井见水。

依托一体化模型建模软件 IPM，建立气藏模型、井筒模型、地面集输模型并进行一体化耦合，形成"气藏—井筒—地面"的一体化模型。应用数据交互软件 AssetConnect，打通从数据获取、数据传输、数据处理到一体化专业分析软件数据加载、计算、成果输出的全过程自动化运行。在充分考虑井筒临界条件、气藏能量均衡动用、边底水侵情况及地面管网效益最优等因素下，通过自动优化配产工作流自动驱动一体化模型计算，确定合理生产压差，形成系统最优、开发最优的配产结果（图 3-3-34）。

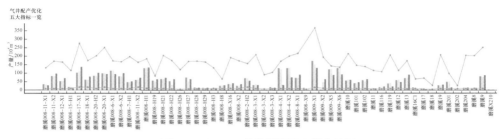

● 图 3-3-34　一体化模型配产优化结果

针对气藏季节调产（冬季保供调峰）、检修调产、气井异常见水等情况，需对某几口特定气井指定产量再全局优化配产。应用一体化模型进行优化配产，支持用户将气藏整体配产、单井配产做多种条件设定，通过应急调产工作流驱动一体化模型全局模拟优化，给出最佳配产、调产方案（图 3-3-35）。

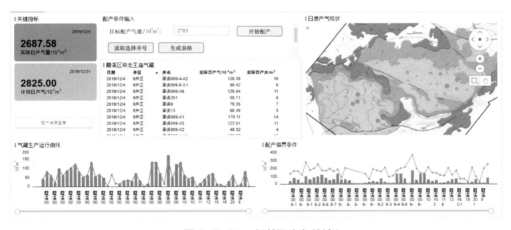

● 图 3-3-35　气井配产条件输入

应用一体化模型对指导龙王庙组气藏配产工作，在水侵活跃不利于稳产的条件下，通过全局自动优化配产方案，给出气藏开发不同阶段实时最优生产组织方案，延缓了水侵危害，实现了该气藏的稳产和精准的实时调峰保供，间接经济效益显著；配产周期由过去的 3 ～ 5 天缩短至 30 分钟，较传统专业人员跟踪分析的开发

智能优化配产
操控演示

模式极大地提升了工作效率。

2. 生产异常工况智能跟踪与诊断

全局生产系统节点多，单个或多个节点故障会引起其他节点的预警响应，传统方法仅会锁定预警节点，真正故障节点定位非常困难。应用"气藏—井筒—地面"一体化模型，形成多元节点生产系统故障定位技术，将生产系统节点连接方式归纳为几种连接模式，并对每一种连接模式的故障预警进行逻辑设计，建立异常判别矩阵，从而实现故障节点的精准定位（图 3-3-36）。

传统的故障诊断方法是对气藏、井筒、地面分环节进行诊断或直接依靠大数据技术进行诊断，缺乏油气田开发专业理论基础、模型训练周期长且效率低。通过"气藏—井筒—地面"一体化模型与大数据算法模型相结合，学习过程结合了油气田开发理论，学习效率高，且将诊断结果与一体化模型的预测结果进行对比参照，从而提高大数据模型诊断的精度与效率。

通过"气藏—井筒—地面"一体化模型与物联网数据的全自动高频聚集、融通，获取"秒级—分钟级—小时级"实时数据，全方位监控生产系统各节点的压力、气量、温度、气水比等信息，及时捕获生产系统异常节点。利用模型对实时数据的计算预测结果与生产全系统的实测数据相互印证，在结合历史数据、专家诊断库的基础上，应用多元递归节点反算和大数据神经网络诊断技术确立模型诊断与优化方案，形成智能跟踪诊断工作流，自动列出地面异常工况、井筒异常工况可能原因，预测气井见水时间，模拟气藏产水规律，并给出推荐解决方案，辅助优化决策（图 3-3-37）。

应用一体化模型，结合大数据、神经网络等前沿技术，实时监控与自动诊断生产系统健康状况，大幅提高信息技术辅助生产决策的实效性、针对性，决策管理模式由"人工周期分析＋专家集中论证"转变为"系统实时诊断＋智能辅助决策"，显著缩短了收集、处理数据和研究、决策的时间，提升了工作效率。

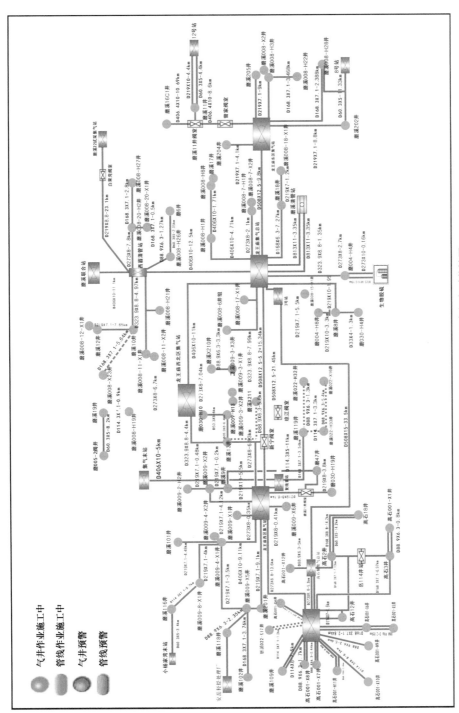

● 图3-3-36　地面异常工况高频实时监控图

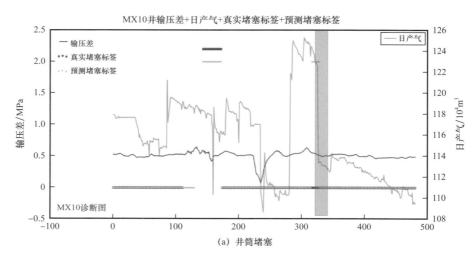

(a) 井筒堵塞

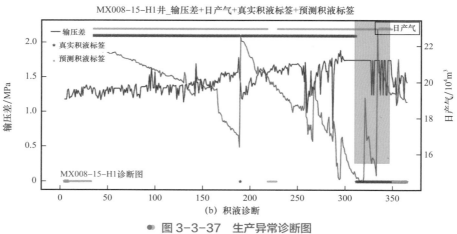

(b) 积液诊断

● 图 3-3-37　生产异常诊断图

第四节　智能管道示范工程建设与应用

在智能管道建设领域，西南油气田选择川中油气矿常规气集输管网和长宁页岩气集输管网进行了示范工程建设，在管道监控与巡检、管道泄漏自动诊断、管线积液预测与清管、管网智能辅助调度、管网运行智能诊断与方案优选等方面进行了探索和实践，取得良好应用成效。

一 管道监控与预警

1. 高后果区视频智能分析异常行为与预警

川渝地区绝大部分管道处于无法实时监管的户外，点多线长面广，行政区域、自然环境分布区域跨度大，周围人居环境较为复杂，一旦发生管道安全事故，将对社会及经济造成极大影响。因此，对管道高后果区的安全管理显得尤为重要。除常规的人工巡检方式，视频监控已广泛应用于对管道高后果区的第三方危害监控之中。但是，视频监控亦需要人员对视频进行实时观察判断，大大增加了监控工作量，且视频监控效果较大程度依赖人为因素，往往视频监控实时发现问题的效果不佳。因此，需要建立视频智能分析平台智能识别管道高后果区内发生的可能的事故隐患，包括人员及车辆的第三方危害行为和环境的突然变化等，实现对管道高后果区危害行为的智能预警。在管道高后果区的人员异常行为主要包括违法搭建、人员聚众、偷盗行为、可疑徘徊，车辆异常行为主要包括挖掘机、工程车、货车、重型机械进入及违法挖掘、碾压管道等行为（图 3-4-1）。

● 图 3-4-1 视频智能分析平台对挖掘机跨越管线行为分析示意图

通过视频智能分析平台的应用升级了管道高后果区第三方危害行为的处置模式，将管道危害行为处置由"问题出现—原因确认—现场解决"转变为"行为预警—现场解决"，有效解决了人工巡检及人为识别监控视频无法全时段覆盖的难题。

2. 光纤监测与预警

利用与管道同沟敷设的光纤作为传感器，利用外界振动引起的光传输参数变化，实时监测、分析管道光缆周边的振动信号，智能判别人工挖掘、机械挖掘、第三方占压等威胁管道安全的行为，并对行为进行定位后发出预警（图 3-4-2；表 3-4-1）。该技术同时可智能识别过滤无害行为（行人经过、小型车辆等），提升预警精确度。

(a) 光纤敷设示意图　　　　　　　　(b) 光纤监测与预警示意图

● 图 3-4-2　光纤检测与预警

表 3-4-1　管道光纤预警技术参数表

技术参数	参数指标
监测长度	60km
灵敏度	管道两侧 10m 范围
响应时间	≤3s
定位精度	±10m
准确率	≥80%
误报率	≤2 次 / 月

管道光纤预警系统是对视频智能识别的有效补充，能较大程度解决目前其他技术无法解决的管道巡线无法全天候覆盖的问题，与视频智能分析平台共同构成了对管道安全的"双保险"，提升了管道管理模式，由"人防"转换为"技防"，

由事后报警转化为事前预警。

二 管道自动巡检

川中磨溪龙王庙气田应用管网各节点不同时段的压力、温度、流量等数据建立了管线供销平衡数学模型，进行管道自动巡检，周期性从管线起点依次比对分析各节点气量及压力，智能判断管线运行情况，输出巡检结果，提示异常状态（图3-4-3）。

（a）巡检过程界面图　　　　　（b）巡检结果概览界面图

● 图3-4-3　智能电子巡检系统

通过管道自动巡检的应用，巡检工作模式由员工逐站查看、逐点确认的工作模式转变为由系统通过模型比对与大数据智能分析自动完成的模式，大幅提升管道巡检效率。

三 管道泄漏自动诊断

通过在管道两端安装次声波传感器，利用次声波泄漏检测技术及时发现泄漏孔径不小于2mm的管道泄漏，并自动计算准确定位泄漏点。

管道泄漏自动诊断较传统方式的优点是管道发生泄漏能够在发生后的极短时间内被发现，并精准定位泄漏点，实现应急快速响应和及时处置，最大程度降低管道失效带来的安全风险（图3-4-4）。

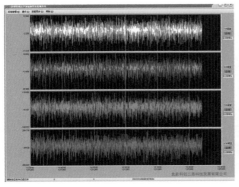 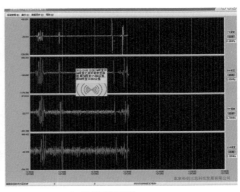

（a）管道正常运行　　　　　　　　　　（b）管道泄漏报警

图 3-4-4　次声波管道监测系统管道运行监测界面

四　管线积液预测与清管

1. 基于模型预测管线积液

基于管道模型、管道基础静态数据及运行瞬态生产数据，利用 OLGAonline 软件以秒级速率实时计算重点管道沿线生产运行动态，并实时展示计算结果（压力、温度、流量、流速、液体含量趋势图、分布图）（图 3-4-5），不仅支持积液风险实时感知，同时支持消除积液假设工况模拟，提高决策效率，确保集输管道安全、经济运行。

当管线积液达到一定程度需要执行清管作业时，支持管线清管作业实时监测，包括清管球的球速、球位置、球前球后液量，从而预估清管作业时间、清出液量，做好收球和液体收集处理准备，同时根据球后剩余液量评估清管效果（图 3-4-6）。在假设工况可模拟多套清管作业参数，优化量化清管作业方案，快速建立起重要管道清管作业知识库，最安全最经济的确定清管作业指标。

2. 智能清管周期动态预警

传统的清管周期预测方法无一例外都是通过专业软件建立积液模型预测分析积液量以此来确定清管周期，这种机理模型的优点是具有明确的物理意义，但是其建

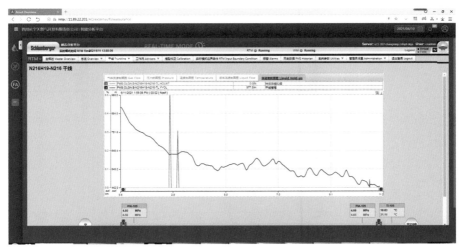

● 图 3-4-5 管线积液分布情况

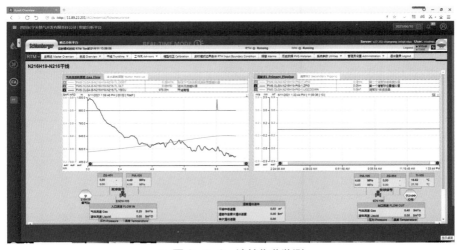

● 图 3-4-6 清管作业监测

模比较复杂，计算出的清管周期也不是为管线"量身定制"，预测的准确性大打折扣。利用大数据的数据驱动特性可以对任何非线性函数无限逼近。因此通过大数据人工智能技术为每条管线制定"专属清管周期"是一个势在必行的探索。通过对管线特征分析，用模型为每条管线计算一个合理的输气量范围以及正常管输效率的数据因子，用预测模型对一定周期的管道数据进行模拟运行，用研判算法进行清管提醒（图 3-4-7）。

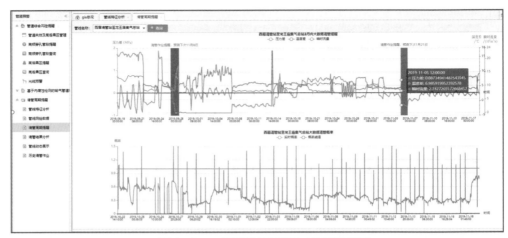

● 图 3-4-7　智能清管周期动态预警示例图

以西眉清管站至龙王庙集气总站管线为例，预测模型提醒清管时间为 2020 年 2 月 1 日，现场作业日志反馈，实际清管作业开始时间为 2020 年 2 月 6 日，清管作业后，管线管输效率等参数有明显改善，预测模型基本准确（图 3-4-8）。

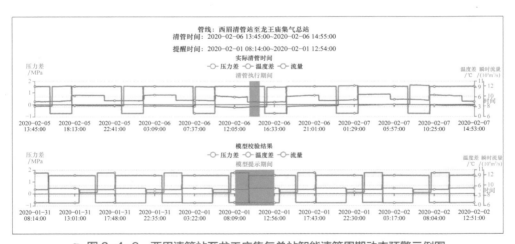

● 图 3-4-8　西眉清管站至龙王庙集气总站智能清管周期动态预警示例图

五　管网智能辅助调度

在川中油气矿常规气集输管网，面对外输管网复杂且频繁调配的客观情况，智能调度辅助系统（图3-4-9）利用大数据分析等技术，根据外输管网、天然气用户历史数据建立外输气管网生产运行数学模型、天然气用户历史用气大数据规律模型，对未来短、中、长期的用户用气量进行预测，输出建议调度指令，辅助输配气调度决策，弱化气量调配等调度工作对经验的依赖。同时在出现异常告警时，自动关联并弹出异常节点上下游相关画面，辅助员工快速分析异常产生原因，提升处置效率。

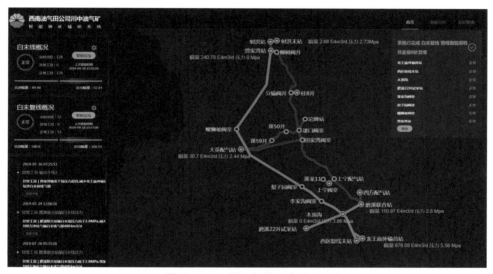

● 图3-4-9 管网智能调度辅助系统

1. 气量调度智能辅助

结合管网同期历史数据进行同比，预见性判断管网气量变化，输出调配建议指令；输配气出现较大波动时，结合历史数据智能预判断可能异常原因，提出处理建议（图3-4-10）。

2. 告警联动

管线节点出现异常告警时，联动该节点相关上下游压力、瞬量、可燃气体浓度等关键数据，辅助管理人员快速查找告警原因（图3-4-11）。

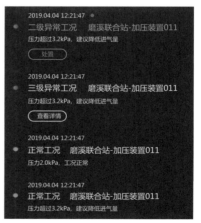

● 图3-4-10 输出气量调度建议

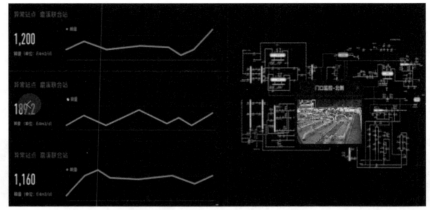

● 图 3-4-11　告警联动效果图

六　管网运行智能诊断与方案优选

在长宁页岩气集输管网，基于 PIPESIM 软件创建的管网模型，利用水动力学计算模型及管道设计，运行时的动、静态数据，以日度频次计算并展示出管道运行参数沿线分布情况（管输效率、负荷率、压力、温度、流速），不仅支持管网运行风险实时诊断，同时支持假设工况模拟调整及模拟结果与实时参数对比分析，指导方案优选，提高决策效率，确保页岩气集输管网安全、经济运行。

1. 管网运行智能诊断

管网运行智能诊断功能实现了管网与 GIS 地图的叠合显示，以渐变色形式直观显示了管网内设备及管线的压力、温度、持液率、气体流速、冲蚀速度比、管输效率及负荷率的分布情况，有助于帮助工程师快速发现管网运行中存在的风险（图 3-4-12）。

2. 报警信息

报警信息功能为工程师提供了工作流执行成功或失败的相关信息，当出现数据缺失、数据有效性等原因无法完成执行时，给出提示信息，以便用户及时排除工作流执行中的问题（图 3-4-13）。

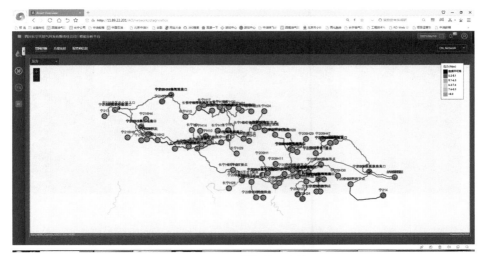

● 图 3-4-12　模拟管网在线呈现

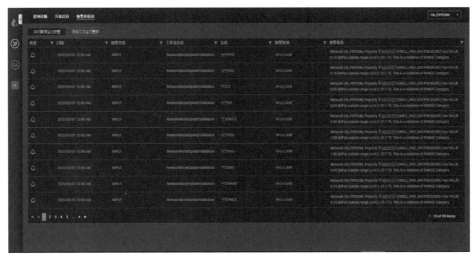

● 图 3-4-13　管网运行报警信息

3. 方案优选

方案优选功能提供了一个实际工况与 3 个假设工况的对比功能，不但可以直观地以不同颜色显示各假设工况生产运行指标，也提供了假设工况与实际工况在中心站、集气站、平台位置的压力、产量对比柱状图，有助于加快方案选择速度（图 3-4-14）。

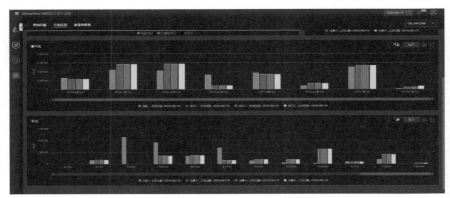

● 图 3-4-14　假设工况模拟分析

第五节　风险勘探协同研究

四川盆地是一个古老而复杂的盆地，又是一个富饶而年轻的盆地，拥有近四十万亿立方米的天然气资源，常规、非常规油气十分丰富，但因油气地质条件复杂、资料采集受限等条件，给研究工作带来巨大的挑战。勘探研究业务聚焦区带目标井位研究论证、方案研究编制、储量矿权研究、基础理论和关键技术研发及油气理论创新等，依托理论创新、技术创新、工具及方法创新推动增储上产。

梦想云平台以统一数据库、统一技术平台和通用应用为重点。西南油气田基于四川盆地风险勘探研究业务需求，结合梦想云平台能力，从四川盆地风险勘探研究的数据组织和管理、区域地质背景概况及构造研究、沉积格局研究、烃源岩条件研究、有利区带目标研究、井位设计部署研究等多方面入手，在梦想云平台上深入开展风险勘探研究工作，建立"平台＋项目＋业务"的协同研究工作环境，探索并创建基于梦想云的风险勘探井位部署科研生产新模式，有效地支撑了四川盆地风险勘探研究与决策，为协同研究项目上云开展提供了示范。

一　　业务需求

四川盆地风险勘探是近年来中国石油勘探的重点领域，主要目标是盆地内空白地区或勘探程度较低地区。四川盆地风险勘探研究工作可细分为：战略选区与勘探部署、储量计算与管理、区带评价、井位论证、钻完井设计、随钻研究等。各项研究工作构成了一个有机的业务流模型，业务流相邻节点具有较强的成果继承关系。风险勘探研究业务场景都基于相对细化的业务流程进行组合与管理，支持从项目或任务维度进行全生命周期管理，包括项目/任务计划、工作启动、研究/执行、成果验收/归档等。所有业务研究场景的串联，构成了"盆地初步评价→勘探部署→勘探成果利用→区带评价→储量提交→滚动（或目标）勘探部署→圈闭评价→探井井位部署→钻完井设计→随钻地质研究→控制储量与探明储量提交"完整的风险勘探业务场景。

风险勘探研究业务涉及方法繁多，包括正演、反演、模型对比等；研究手段多样，包括物探、地质、地球化学、古生物及数学模拟等。研究准备工作包括：资料收集与整理、地震解释、区域地质研究、构造与圈闭研究、沉积环境研究、储层研究、油气成藏研究等。以往研究工作数据准备多为人工方式，数据收集、整理、质控等过程通常是线下与线上相结合，并借助一些软件工具人机交互逐项完成，缺乏良好的工作环境支撑。尽管研究工作所需的大部分资料可以在西南油气田已建的信息系统获取，但仍需投入大量的人工时间在各个专业系统间查找、下载、拷贝、汇总、整理、质量控制，以及加载到专业软件中。由于不同部门项目组之间的工作呈"条带"分布、缺少业务协同管控，多处于"各自为战"状态。同样一个成果数据，在被不同项目组共享使用时，往往需要经过多次的"查找、下载、拷贝、汇总、整理、质量控制和加载"，这样的低水平重复过程严重影响数据准备效率，浪费了宝贵的研究工作时间，降低了总体勘探开发研究工作效率。

二　"平台＋项目＋业务"新模式

针对传统风险勘探研究工作中存在的问题，西南油气田设计开发基于梦想云的科研一体化协同研究平台，包含协同研究场景、研究专业应用、管理运行和创新应用 4 个模块功能，实现协同研究平台支撑勘探综合研究、辅助勘探开发研究决策、优化科研生产管理、支撑科研创新的 4 大目标。目前协同研究平台整合了统建、自建专业数据资源和研究成果，集成了常用的专业应用软件，探索并实践了"梦想云 + 风险勘探研究项目 + 勘探研究业务"的勘探研究模式，即"平台 + 项目 + 业务"模式，建立基于梦想云平台的网络化、跨平台、多专业一体化协同研究环境，为四川盆地风险勘探数据组织和管理工作提供了创新的管理方法（图 3-5-1）。

梦想云平台提供的项目任务创建方法为搭建风险勘探"平台 + 项目 + 业务"协同研究环境和完整的"项目→业务→任务→岗位→人员 + 资源"业务流程与业务场景创造了条件。利用任务和岗位等关键要素，将项目与人员、项目与资源、项目与技术工具、项目与管理进行了有机的关联和融合。此外，梦想云协同研究环境提供了业务流程编排机制，支持业务流与数据流的"二流合一"和对每个业务节点的"IPO"进行预定义，其中 IPO 是业务节点对应的输入（I）、处理过程（P）和输出（O）的简称。通过上述机制，可以有效支撑项目内和项目之间的成果高效共享，为每个项目成果的产生、审核、归档、发布以及推送到下一环节应用提供了驱动机制。梦想云平台可以按需集成各油气田已有的常用主流专业应用软件或工具（常用算法和制图工具等），并通过专业软件接口技术实现梦想云数据湖与专业软件之间的数据无缝传输，研究人员无须再过多关注数据的获取、质量及传输等过程。梦想云提供的协同工作和项目过程管理机制为项目成果数据的严格管理、有效归档和有序流动创造了条件；为多项目、多用户提供了计算资源、存储资源、数据资源和软件资源等的高效共享，实现了数据资源、设备资源、人力资源等多种资源的有效结合和高效管理，打破了传统勘探与开发业务之间的壁垒，从技术和机制上保障了勘探开发一体化，提高了风险勘探研究工作整体质量和效率，节省研究人员宝贵的时间和精力。梦想云面向项目的管理机制，规范了科研管理行为，为勘探开发科研管理提供了工作平台，成为科研项目管理的有效手段。

在风险勘探"平台 + 项目 + 业务"协同工作模式中，处于不同地点、具有不同专业背景的研究人员可以通过梦想云统一门户登录到已创建的、限定权限的、统

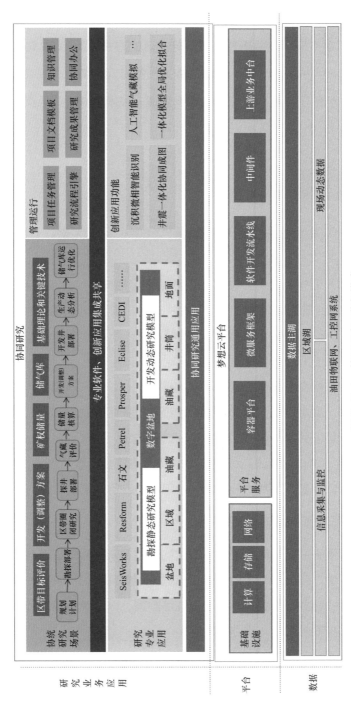

● 图 3-5-1　协同研究工作新模式

一的协同研究环境中，协调开展一项或多项勘探开发科研工作，协作完成各项科研任务。利用协同工作环境改善研究人员业务交流的方式，消除或减少他们因时间、空间相互分隔所产生的障碍，从而节省研究人员的时间和精力，提高整体工作质量和效率，同时也创新了传统科研业务的组织管理、技术审核、成果交付、项目汇报和成果归档方式。

三　应用案例

以四川盆地川中地区长兴组风险勘探 ZT1 井位论证为例，介绍应用情况和效果。

项目研究涉及油气勘探与开发等相关数据，包括探井、评价井和开发井数据、井位论证与决策相关的井筒数据（包括钻井分层、录测井资料、试油、样品实验等）、地震数据（包括数据体、属性体、解释层位、断层等）和各类地质研究成果数据（图件、文档、汇报材料等）。

在项目研究的初期与研究过程中，对物探、钻井、录井、测井、试油等动静态数据的快捷获取、质量确认，以及在井位论证与汇报中对各种基础数据的快速调用和可视化展示，是项目协同研究与决策中的必备选项。因此，对井筒、地震、地质相关成果的上传入湖，以及研究成果数据的及时审核归档等，应纳入常态化管理。充分的数据资源保障是实现梦想云数据高效组织与应用共享的前提。

1. 区域地质背景概况及构造研究

区域地质背景研究针对区域内油气成藏的关键要素开展地震资料解释研究与有利区成藏条件评价，在此基础上对圈闭目标进行精细刻画和优选。在该过程中主要使用已入数据湖的钻井、录井、测井、试油等数据，以及梦想云协同研究环境提供的在线研究工具与集成的专业软件。

借助梦想云平台对不同构造单位进行综合研究对比，在线框选四川盆地川中地区研究区域范围，在线查阅框选范围内的所有钻井、录井、试油等相关资料。如

图 3-5-2、图 3-5-3 所示，选择万家场构造的 WJ1 井，在线浏览该井的录井报告和试油报告等资料。

● 图 3-5-2　梦想云平台——井资料筛选界面

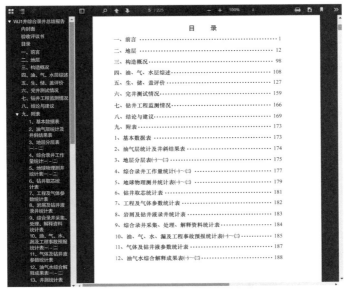

● 图 3-5-3　梦想云平台——在线浏览录井报告界面

储层和烃源条件是制约油气成藏富集的关键，通过对蓬溪—武胜台凹东侧和广安台内高带等老井进行详细的录井和试油复查、分析揭示：在川南和川东地区长兴组已获得勘探发现，多口井测试日产气量超过 50 万立方米，而川中地区长兴组台地边缘礁、滩多口井获高产气流。川中地区整体勘探程度低，具较大的勘探潜力。

通过专业应用软件进行地震解释和成图形成主要成果，包括圈闭要素表、断层要素表、平面构造图、典型剖面等。采用盆地评价方法优选出具有含油气远景的有利含油气区带，为区带评价、圈闭评价等研究工作的开展奠定基础。

2. 沉积格局研究

应用梦想云平台集成的在线地震研究模块，通过选取目标区块，自动关联地震相关数据，通过简单筛选确认后，将相关数据"一键式"推送到地震研究软件中。例如，通过自动关联相关数据到专业研究软件中，对蓬溪—武胜台凹及广安台内高带特征进行精细刻画（图 3-5-4），落实台凹北部的广安台内高带古地貌整体比南

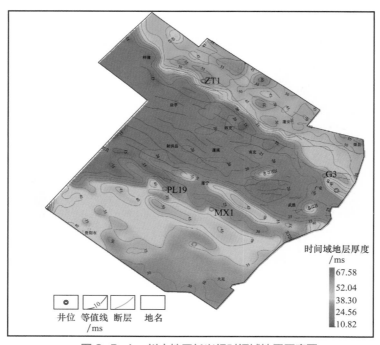

● 图 3-5-4　川中地区长兴组时间域地层厚度图

部高，北部广安台内高带长兴组厚度为 45～60 毫秒（时间域），南部台内高带长兴组厚度为 35～50 毫秒（时间域），台内凹槽长兴组厚度为 15～20 毫秒（时间域）。应用在线地震研究模块可对图件进行任意放大和缩小，地质单元、钻井等的距离、面积等重要参数直接测量，改变了传统的汇报模式。

根据平台检索提供的关于开江梁平海槽的研究报告，综合本次川中地区蓬溪—武胜台凹的刻画结果，建立对广安台内高带沉积格局的基本认识。研究认为蓬溪—武胜台凹长兴组沉积时处于相对较低位置，广安台内高带位于较高部位，为储层发育有利区（图 3-5-5）。

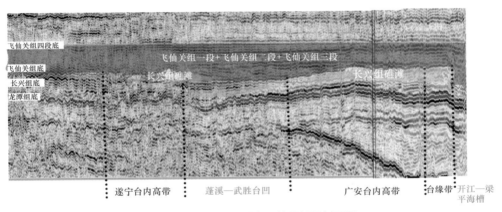

图 3-5-5　蓬溪武胜台凹地震解释剖面图

3. 烃源岩条件研究

利用梦想云平台的多图联动展示功能，通过地理坐标等空间信息将相关的研究目标图件在不同的用户屏幕或窗口中（包括专业应用软件）进行联动显示，用户在其中某个图上的操作（如放大、缩小、移动等），其余相关的屏幕或窗口中也会同步动作，进而对盆地海相碳酸盐岩勘探目标辅助开展关联分析和研究。利用多图联动功能对目标区海相碳酸盐岩开展多成藏因素分析研究，制作该区各单因素碳酸盐岩成藏条件图，通过对单因素成藏条件的叠合分析，辅助有利区带的目标优选。对中台山地区多套海相烃源岩进行同步显示后（图 3-5-6），获得的基本结论为该区长兴组下伏发育多套烃源岩层系，为该区油气成藏提供了充足的烃源条件。

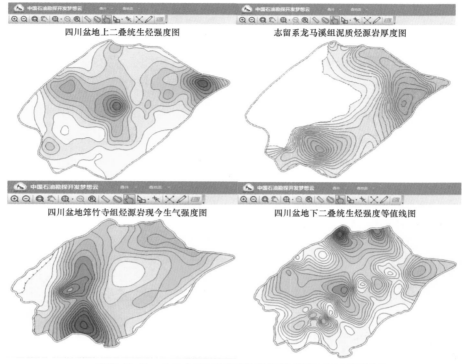

四川盆地上二叠统生烃强度图   志留系龙马溪组泥质烃源岩厚度图

四川盆地筇竹寺组烃源岩现今生气强度图   四川盆地下二叠统生烃强度等值线图

● 图 3-5-6 中台山地区各烃源岩层系厚度图同步显示界面

4. 有利区带目标研究

利用梦想云平台云化集成的专业应用软件，开展了中台山三维地震工区内长兴组礁滩精细刻画研究，发现并落实工区内台内高带面积 146.6 平方千米，其中有利区带礁滩共计 9 个，面积为 47.28 平方千米（图 3-5-7）。

5. 井位设计与部署论证

借助梦想云平台，通过生储、圈闭等多因素叠置和关联研究，最终选定最佳位置，直接生成井位坐标信息（图 3-5-8），辅助生成井位设计书，完成 ZT1 井井位的论证。

此外，在含油气地质条件分析基础上，精细雕刻了秋林一射洪地区沙溪庙组河道砂体，优选沙溪庙组 7 号、8 号等优质规模河道砂体进行井位论证研究，部署 QL16 井和 QL17 井，取得良好效果。

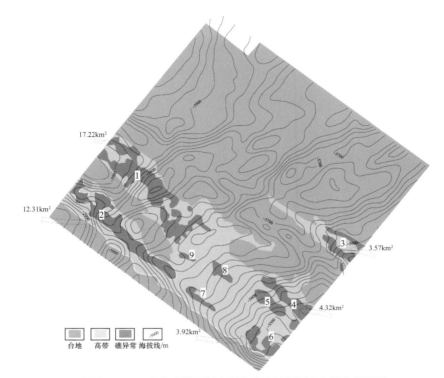

台地　高带　礁异常　海拔线/m

● 图 3-5-7　中台山地区长兴组生物礁滩平面分布叠合构造图

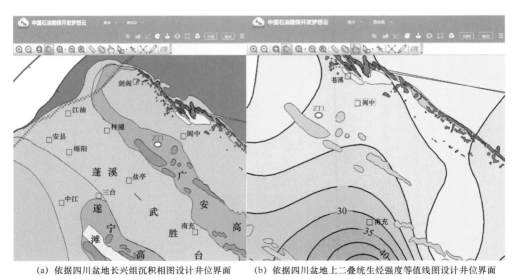

(a) 依据四川盆地长兴组沉积相图设计井位界面　　(b) 依据四川盆地上二叠统生烃强度等值线图设计井位界面

● 图 3-5-8　ZT1 井设计界面

　　2019 年 8 月 16 日，QL16 井经射孔加砂压裂和测试，喜获 35.51 万立方米／天高产工业气流，证实该区沙溪庙组具有良好的勘探效益。以 QL16 井为代表的致密气勘探成果表明四川盆地沙溪庙组致密气具有较大勘探开发潜力，为下一步致密气规模上产及效益开发奠定了坚实基础。

第四章
智能化发展前景展望

　　西南油气田以"两化融合"为抓手，至"十三五"末（2020年）已全面建成数字油气田，并在部分领域开展了智能油气田建设。"十四五"及其以后，西南油气田将匹配业务发展，坚持以"数字化转型智能化发展"为总体目标，在梦想云建设已取得成果的基础上，继续推进梦想云西南油气田配套实施方案，建设西南区域云平台和区域数据湖，依托梦想云，运用云计算、大数据、人工智能、数字孪生等前沿技术，全面推进通用业务应用和智能油气田特色应用，以信息技术支撑企业提质增效、智能化高质量发展。

第一节　智能油气田愿景

西南油气田智能油气田愿景是：以天然气精益生产、卓越营运为目标，坚持"智能＋油气开采"技术路线，有效利用"云大物移智"、区块链、工业机器人等技术，建立覆盖全业务链的智能生态系统——勘探开发工程技术智能协同、生产过程智能管控、全业务链决策支持、信息技术敏捷转型，赋能天然气勘探开发生产运营模式创新，提升西南油气田天然气业务价值链竞争能力，到 2030 年全面建成智能油气田（图 4-1-1）。

● 图 4-1-1　西南油气田智能油气田愿景

一　勘探开发工程技术智能协同

建立勘探开发工程技术一体化协同新模式，打造智能地震解释、井位智能论证、开发方案自动优化、气藏地面优化配产等能力，实现圈闭评价优化、井位目标优选、气藏开发均衡动用，提升勘探开发决策实效性、科学性（图 4-1-2）。

建立勘探开发工程技术一体化协同工作环境。实现地质工程、钻井压裂、气藏井筒、油藏模拟、生产与经济等一体化智能协同；利用全局优化技术，解决气藏基于物理数据驱动模型的多目标"甜点区"带优化识别；构建基于一体化模型的智能配产、预警、应急处理、故障诊断、虚拟计量工作流，提高产量和采收率，降低成本。

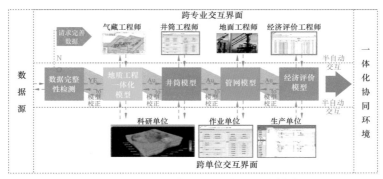

● 图 4-1-2　跨专业一体化协同工作模式

二　生产过程智能管控

打造生产过程智能管控平台，形成动态储量智能跟踪、生产运行智能调配、集输生产智能保障、设备故障智能诊断等生产管控能力，构建生产管控智能高效管理模式，实现精益生产（图 4-1-3）。

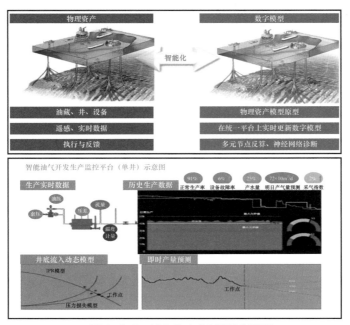

● 图 4-1-3　油气生产全过程智能管控

利用数字孪生技术建立闭环最优控制模型，开展排水采气智能优化和管线积液智能预测，实现气田全生命周期价值最大化；利用工业机器人、AR协作、专家系统等技术，实现生产过程远程协作，高危作业由机器人替代，安全风险受控。

三　全业务链决策支持

探索建立"区块链+天然气业务链"，构建数字化、集成化、模型化、可视化、智能化的产运储销全业务链优化运行和实时效益评价，实现天然气效益最大化。

建立资源优化、管网调度、客户画像、市场挖潜、需求预测、价格预测、天然气经济优化等专业模型，实现全业务链智能工作流，智能连接天然气客户生态系统，助力天然气季节性保供，支撑天然气产运储销一体化决策分析（图4-1-4）。在天然气计量、检测、销售领域探索"区块链+天然气业务"应用模式。

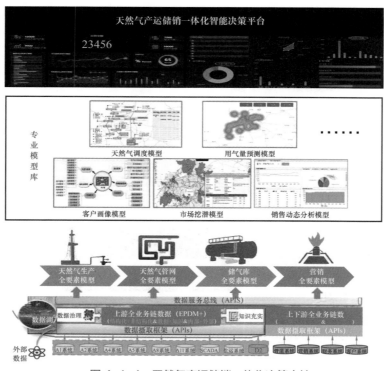

● 图4-1-4　天然气产运储销一体化决策支持

四　信息技术敏捷转型

借助梦想云架构，深化信息技术敏捷转型，建立"模块化、迭代式、自适应"的敏捷开发、敏捷运维服务模式，支撑西南油气田数字化转型。

聚焦"梦想云"和"区域湖"，做强技术中台，做优数据中台，做精业务中台，建立软件开发流水线和微服务模式，提升资源的共享服务能力、知识成果的共享应用能力。建立西南油气田智能油气田标准体系，贯穿设计、开发、交付、运维迭代敏捷信息业务环节。适时引入纳米传感器、LiFi 等先进技术，进一步提升全面感知、自动操控能力，促进信息技术与业务管理的深度融合（图 4-1-5）。

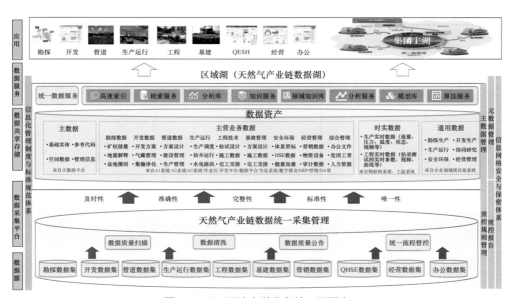

图 4-1-5　石油上游业务统一云平台

五　预期效果

西南油气田通过智能油气田建设，面向气田全生命周期管理，预期形成从研究、作业、管理、决策 4 个层次的"气藏透明化、操作无人化、运营一体化、决策知识化"模式，构建融合的数字化智能化天然气工业体系，打造成为油气领域数字化转型智能化发展的引领企业。

1. 气藏透明化

在勘探开发研究方面，通过数字孪生、人工智能等手段建立多学科研究环境，贯通勘探开发研究流程，全面打开"气藏密码"，缩短发现周期，延缓递减，提高采收率。

2. 操作无人化

在现场操作方面，通过生产物联网持续建设，提升设备深度感知和预测性维护能力，建立作业现场的自适应调节智能模型，实现操作的无人化、少人化，减少操作成本，降低安全风险。

3. 运营一体化

在运营管理方面，以气田全生命周期和产运储销价值链为主线，依托专业智能化基础，建立跨层级、跨专业、跨地域一体化高效运营体系，提升管理效率，降低运营成本。

4. 决策知识化

在勘探开发战略决策方面，通过知识图谱等智能手段，融合多专业知识成果，建立勘探开发战略决策的智能分析和辅助决策环境，智能评价投资决策风险，提升战略决策效率和质量。

第二节　智能油气田场景规划

以智能油气田愿景为目标和方向，从两个方面规划了智能油气田应用场景：一是智能工作流应用场景，在智能油气田示范工程建设成果基础上，完善常规气智能配产、智能跟踪与诊断、智能应急处理工作流和页岩气体积压裂与综合压后评估、页岩气智能分析等工作流应用场景，并将相关应用发布成为梦想云的通用服务，形成基于梦想云的通用工作流;二是全业务链一体化协同应用场景,包括勘探开发工程技术一体化协同研究、天然气生产过程一体化协同管控和天然气产运储销一体化协同运营的架构和应用场景。

一　智能工作流应用场景

1. 智能配产工作流应用场景

在对气藏生产现状、气井生产指标对比与预警、生产曲线变化等生产运行情况全面监控前提下,综合考虑地层能量均衡动用、气藏边底水体能量及水侵量、气井临界条件、地下地面生产设备系统效率,进行全方位模拟分析,揭示气藏生产潜力、限制条件,从而获得多种限制条件下的配产优化方案,并对气藏生产动态进行精细模拟表征(图 4-2-1)。

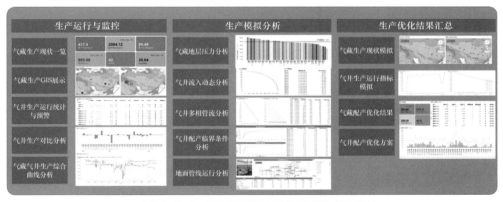

● 图 4-2-1　气田智能配产工作流通用应用服务

2. 智能跟踪与诊断工作流应用场景

通过气藏、井筒、管网建模与分析过程的展示,实现对一体化资产模型监测,通过一体化资产模型参数与真实生产系统对比跟踪,实现数据与模型双向沟通,根据气藏敏感性分析结果确立阈值及启动诊断机制,根据自主研发的多元递归节点算法和神经网络诊断技术确立模型诊断与优化方案,如此反复循环运转,不断调整、不断优化，确保仿真模型与气田生命周期各个环节的真实状态保持一致（图 4-2-2）。

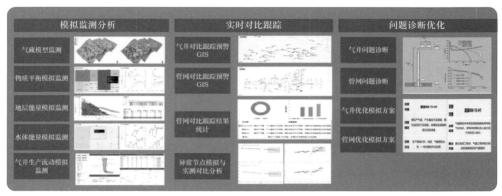

● 图 4-2-2　气田智能跟踪与诊断工作流通用应用服务

3. 智能应急处理工作流应用场景

智能应急处理包含应急调峰、应急见水、气井安全处理 3 个子工作流（图 4-2-3）。

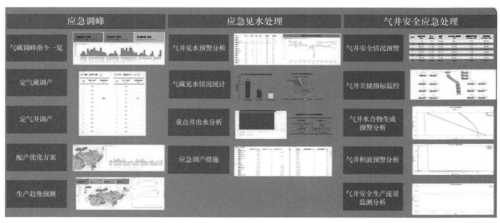

● 图 4-2-3　气田应急处理工作流通用应用服务

1）应急调峰

针对气藏的季节性调峰对调产的要求，对自动配产工作流进行扩展，按照调峰指令给出优化配产措施。

2）应急见水处理

对气井见水风险预警，以及见水后的整体配产和见水井调产方案。

3）气井安全处理

对气井在积液、水合物、生产指标等方面进行预警，并给出预测结果。

4. 页岩气体积压裂与综合压后评估工作流应用场景

通过设计和应用体积压裂与综合压后评估工作流，辅助管理、研究人员直观地了解到当前压裂作业工区的基本生产情况、压裂作业井数、压裂井场 GIS 底图、油藏概述、产气量构成、在岗人员列表等常用信息，实现对压裂过程实时监控、压后效果及时评估（图 4-2-4）。

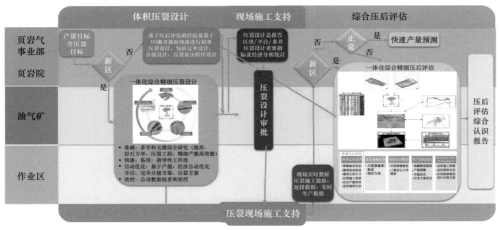

● 图 4-2-4　页岩气体积压裂与综合压后评估工作流

5. 页岩气地面管网智能分析工作流应用场景

通过设计和搭建生产态势感知、管网运行优化、积液管理、清管作业监测与清管球追踪、短期排产预测 5 个智能分析工作流（图 4-2-5），辅助业务人员实时直观感知目标区块内平台、系统外输的综合生产变化趋势以及井区管网模型的集输能力、管线不同位置处的压力、流量和冲蚀风险分布；同时以分钟级频率实时监测中心站到集气站干线的积液量体积、液相速度等积液参数和球前液模拟，球后残余液量等清管作业参数，以便及时进行新管线设计、管网调整、主干管线的积液干预，为清管作业提供量化依据；通过提供短期排产预测工作流，评价用户现场当前排产计划的可行性，为实现页岩气生产目标提供地面保障。

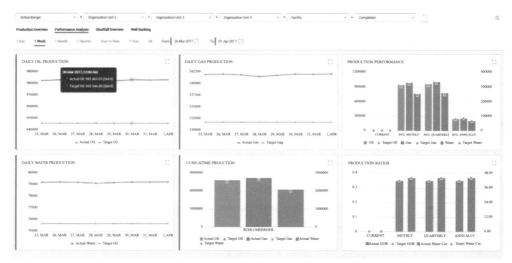

● 图 4-2-5　页岩气地面管网智能分析工作流设计与应用

二　全业务链一体化协同应用场景

1. 勘探开发工程技术一体化协同研究

勘探开发工程技术一体化协同研究是上游勘探开发领域数字化转型的主攻方向，未来勘探开发工程技术协同工作平台通过建立一体化组织管理、协同研究、整体规划、统一部署、统筹建设和平台化运行工作模式，将研究流程与管理流程无缝连接，管理流程向生产现场深度延伸，最终实现科研与生产的高效互动和对生产的精准指导（图 4-2-6，图 4-2-7）。

1）场景一：气藏—井筒—管网一体化协同研究

（1）多专业科研协同：各科研院所、各专业基于统一的研究环境共同构建气藏—井筒—管网一体化模型，形成气藏、井筒、管网模型的联动推演和动态优化。

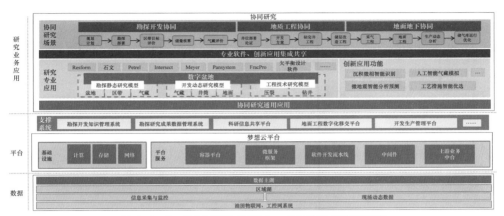

图 4-2-6　勘探开发工程技术一体化协同研究架构图

多学科跨部门前后方异地智能协同

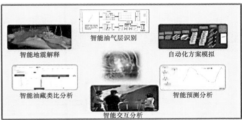

智能研究解释

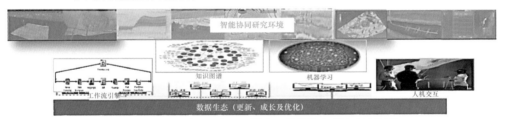

● 图 4-2-7　勘探开发工程技术一体化协同研究应用场景

（2）科研生产双向协同：一体化模型用于预测气藏开发趋势，形成优选推荐方案直接指导生产。产生的动态数据实时反馈用于一体化模型和方案的迭代优化，快速形成优化生产能力，实现科研对生产的实时指导。

（3）实现效果：实现研究工作从传统的"专业分工＋项目研究＋成果汇报"模式向"多学科团队＋跨地域协作＋在线审查"模式转变。以一体化模型为核心有效衔接各类智能化应用，构建生产和科研各层级、多部门在一个模型上的协同工作模式（图 4-2-8）。

● 图 4-2-8　气藏—井筒—管网一体化研究

2）场景二：地质工程一体化协同研究

（1）地质指导工程：建立气藏地震、地质、裂缝与岩石力学模型，并通过实时数据传输与工程现场结合，实时指导地质导向，优化井轨迹方位与走向，提高优质储层钻遇率。

（2）工程验证地质：钻井过程中进行岩心分析和随钻测井及测井解释，结合实时的微地震监测开展压裂效果评价，及时更新地质模型，提高地质认识进而提高钻井品质。

（3）实现效果：形成"地质指导工程设计与实施、工程不断验证地质认识"的地质工程一体化协同模式，实现气藏开发研究与工程施工的高效协同、联动，使"技术条块分割、研究接力进行"的传统模式向"分公司决策、研究院所辅助、现场指导实施"的三级协同管理模式转变。搭建以多学科数据为基础，具有整合性和兼容性的一体化平台，建设具有一体化理念的地质、地质力学、压裂、气藏模拟、试井等多学科的一体化团队，构建协同作战管理构架，实现一体化管理模式（图 4-2-9）。

3）场景三：地面工程数字化全生命周期管理

（1）数字化设计：西南油气田和设计单位在统一的三维可视化环境中对地面工程设计方案进行全过程在线协同审查，设计单位向西南油气田同步移交要素完整的三维模型。

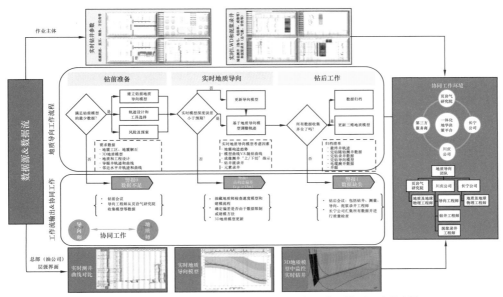

● 图 4-2-9 地质工程一体化协同研究概念图（以地质导向为例）

（2）数字化建设：基于统一数字化平台，西南油气田对各参建单位和供应商在采购、施工、试运、投产等环节进行全过程在线协同管控，并根据现场实施情况同步更新三维模型，建设完成后移交生产运营单位。

（3）数字化运营：生产运营单位基于三维模型整合工艺、设备及周边环境等关联数据，实施地面系统运营阶段可视化管理。

（4）实现效果：地面建设工程审查模式由线下转为线上三维可视化协同；施工过程管控模式由多专业线下分工转变为多专业线上协同；形成以数字孪生体为核心的设计、施工和运营一体化的数字化全生命周期管理模式（图 4-2-10）。

● 图 4-2-10 地面工程数字化孪生

2. 天然气生产过程一体化协同管控

天然气生产过程一体化协同管控以完整性管理和安全环保管控为抓手，建立从生产运行、净化生产、管道管理、安全环保生产过程业务链条可定制任务流程模板，利用数据驱动串联各阶段专业任务与和专业模型，实现天然气生产状态全面感知与生产过程协同优化，提升效益开发水平与安全生产受控能力（图 4-2-11，图 4-2-12）。

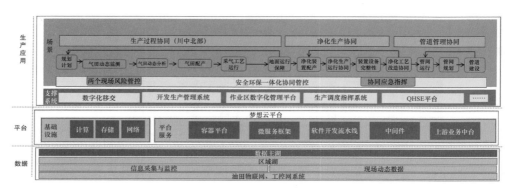

● 图 4-2-11　天然气生产过程一体化协同管控架构图

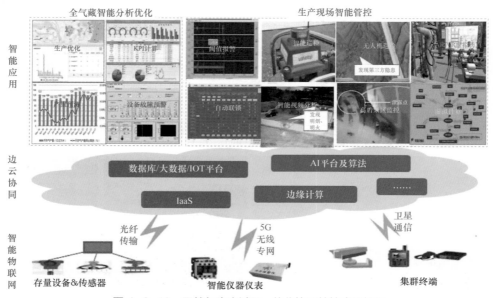

图 4-2-12　天然气生产过程一体化协同管控应用场景

1）场景一：开发生产精益管控

老区数字化转型：以川东北气矿为突破口，升级完善数据自动采集、关键流程远程控制、安全防护实时监控等信息基础设施，开展工业控制系统和物联网建设。推进扁平化架构调整，组织机构转向"管理 + 技术 + 核心操作"，实现核心业务专业化、非核心业务市场化（图 4-2-13）。

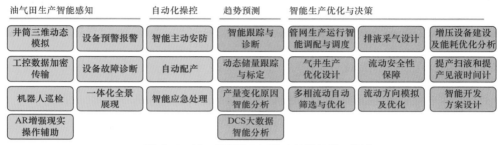

油气田生产智能感知　　自动化操控　　趋势预测　　智能生产优化与决策

井筒三维动态模拟	设备预警报警	智能主动安防	智能跟踪与诊断	管网生产运行智能调配与调度	排液采气设计	增压设备建设及能耗优化分析
工控数据加密传输	设备故障诊断	自动配产	动态储量跟踪与标定	气井生产优化设计	流动安全性保障	提产扫液和提产见液时间计
机器人巡检	一体化全景展现	智能应急处理	产量变化原因智能分析	多相流动自动筛选与优化	流动方向模拟及优化	智能开发方案设计
AR增强现实操作辅助			DCS大数据智能分析			

● 图 4-2-13　智能油气田生产管控智能工作流

新区结合建设现状、经济效益、功能目标等，按照龙王庙常规气、长宁页岩气智能油气田示范建设以及智能工厂、智能储气库试点模式，开展新区智能化气田建设。对标高标准工业控制系统、智能物联网，持续迭代气藏井筒地面一体化模型，形成不同类型产能建设项目数字化智能化建设指导意见，并在新建气田推广应用，打造不同类型气田可复制推广的智能化建设样板。建立"管理 + 技术"新型生产管控模式，推进新型作业区试点，支撑气田科学、高效生产与管控，形成标准化模式在其他新区推广。

实现效果：老区生产管控层级在"分公司、气矿、作业区"三级模式条件下可适时优化压缩为"分公司、气矿"两级集中管控模式。新区构建"大数据分析、自适应调节、智能化管理"模式，实现"分公司、气矿"两级智能管控。

2）场景二：管道集中智能管控

（1）智能管控中心：建设管道生产运行调控中心，实现管道生产运行的集中调控；建设管道风险管控中心（图 4-2-14），实现管道风险管理的集中防控。实现"集中调控、管控分离、分级管理"的管控模式。

● 图 4-2-14　管道风险管控中心

（2）智能工作协同：基于管道智能化技术、智能工作流，实现管网运行全局全时段优化、管道风险智能预测预警和管道管理一体化智能工作协同。

（3）实现效果：优化调控模式，由"气矿、作业区、站场"三级调控转为"气矿、站场"两级调控。转变生产组织方式，由有人值守有人操控到有人值守无人操控；提升人员劳动效率，输配气站一线操作人员减少 30%，人均管理输气管道里程数提高 50%。

3）场景三：安全环保集中管控

（1）集中监控：建立安全环保集中监控环境，实现质量、隐患、风险、现场监控视频、事故事件、环境监测等数据集成。

（2）综合分析：建立综合分析模型、预测模型和预警模型，开展现场工作行为实时分析、事故隐患风险预警、能耗环保智能监测、安全态势智能感知等。

（3）工作协同：搭建 QHSE 协同工作平台，实现各级主管部门、监督机构、属地部门、安全员、承包商等多层级、多维度生产现场应急响应与处置一体化工作协同（图 4-2-15）。

（4）实现效果：实现从"事中监督、事后处置"向"事前预测、预警、预防"的模式转变，从而构建安全环保"多级协同、集中管控"新模式。

3. 天然气产运储销一体化协同运营

天然气产运储销一体化协同运营围绕天然气价值最大化目标，利用大数据分析

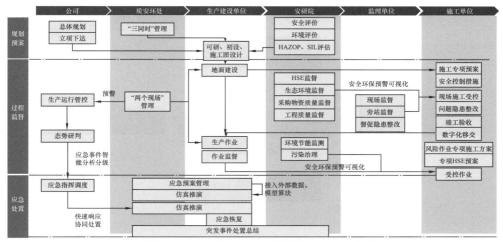

● 图 4-2-15　安全环保一体化协同流程示意图

等手段，对油气勘探、开发生产、管道运营、油气营销等进行综合分析，提出辅助决策建议，着力上中下游整体优化、营销管理效能提升，促进资源配置更优、价值效益更高（图 4-2-16，图 4-2-17）。

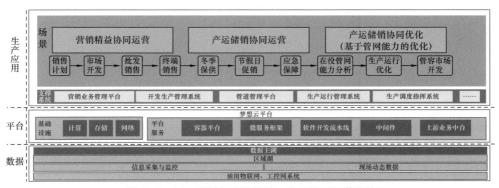

● 图 4-2-16　天然气产运储销一体化协同运营架构图

1）场景一：产运储销全局优化

（1）产销联动：通过智能分析指导天然气排产、生产运行、检维修等生产安排；按照用气区域分布、季节变化、各类用户等因素洞悉用气规律，达到"以销定产，以产定销，产销平衡"的目标。

（2）市场平衡：根据不同用户动静态信息及市场用气变化规律，通过智能分析

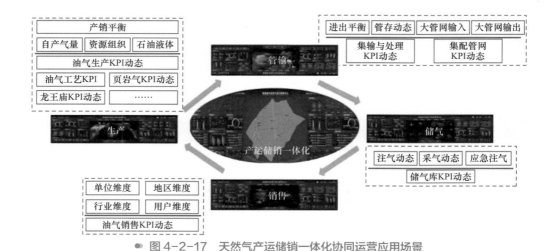

产销平衡
自产气量　资源组织　石油液体
油气生产KPI动态
油气工艺KPI　页岩气KPI动态
龙王庙KPI动态　……

管输
进出平衡　管存动态　大管网输入　大管网输出
集输与处理　　集配管网
KPI动态　　　KPI动态

生产

产运储销一体化

储气
注气动态　采气动态　应急注气
储气库KPI动态

单位维度　地区维度
行业维度　用户维度
油气销售KPI动态

销售

● 图 4-2-17　天然气产运储销一体化协同运营应用场景

优化天然气销售方案，形成"以用户为核心，以市场为导向"的天然气销售实施策略，达到市场需求与销售的动态平衡。

（3）削峰填谷：智能分析供需实时动态，通过储气库的双向调节功能，结合生产与销售实时状态信息，形成储气库注、采方案，实现削峰填谷的科学分配。

（4）资源分配：在满足政策规定、市场需求的前提下，通过对市场、用户、气量、气价、区域经济、行业特征等因素的全局分析，得到具有全局最优性、最高效益的分配方案。

（5）实现效果：通过业务流程优化整合，实现天然气销售的统一规划布局、统一资源平衡、统一市场开发、统一运行机制、统一企地协调的平衡协调发展（图 4-2-18 ）。

2）场景二：营销精益管理

（1）市场分析：根据市场发展趋势和产品销售历史数据，结合用户需求变化情况和潜在用户的挖掘情况，实现对市场区域产品需求的预测分析，对产品的生产计划进行信息支撑。

（2）客户画像：建立客户立体画像，实现客户全生命周期管理。通过可视化应用在 GIS 地图上展示客户分布情况、用气情况、需求量预测、气价结构、竞争对手等信息，辅助营销部门制定实时销售策略。

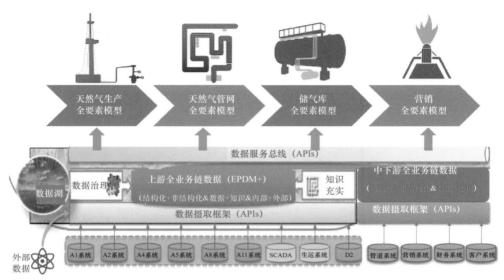

● 图 4-2-18　产运储销全局优化

（3）用气预测：依据各消费主体的历史用气量数据，结合当前经济形势、节假日、气温、价格等因素，实现各消费主体在不同时期的用气量预测。

（4）销售分析：根据市场的走势，结合地区政策和历史数据，实现各产品价格走势预测，为产品精准营销和效益提供信息支持（图 4-2-19）。

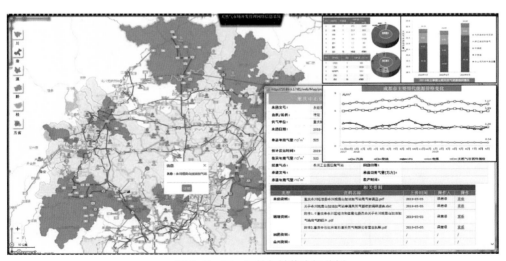

● 图 4-2-19　天然气销售市场分析

（5）终端运营：通过物联网与大数据技术实现管网负荷预测、实时计费和用气行为分析判断，提供客户差异化服务和燃气增值服务。

（6）实现效果：以客户为中心，打造批零一体化模式，实现天然气价值最大化的一体化营销模式；结合天然气价格市场化的趋势，建立天然气量价联动预测预警机制。

结　束　语

西南油气田的信息化建设走过了近 30 年的历程，已全面建成数字油气田，迈上建设智能油气田的新征程。西南油气田将在组织保障、技术团队建设、业务应用系统建设、基础设施建设、数据治理与数据挖掘等方面持续开展工作，力争在 2030 年全面建成以"全面感知、自动操控、智能预测、持续优化"智能化生态运营模式为特征的国际一流智能油气田，实现数字化转型、智能化发展的蓝图。

在此，向所有组织和参与西南数字油气田和智能油气田建设的人们致以敬意和谢意！

参考文献

陈新发，曾颖，李清辉，2008.数字油田建设与实践——新疆油田信息化建设［M］.
　北京：石油工业出版社.
陈新发，曾颖，李清辉，等，2013.开启智能油田［M］.北京：科学出版社.
李剑锋，肖波，肖莉，等，2020.智能油田［M］.北京：中国石化出版社.